青海省 2022
清洁能源发展报告

QINGHAI PROVINCE CLEAN ENERGY DEVELOPMENT REPORT

青 海 省 能 源 局
水电水利规划设计总院
编

中国水利水电出版社
www.waterpub.com.cn
·北京·

图书在版编目（CIP）数据

青海省清洁能源发展报告. 2022 / 青海省能源局，水电水利规划设计总院编. -- 北京 : 中国水利水电出版社，2023.6
ISBN 978-7-5226-1547-9

Ⅰ. ①青… Ⅱ. ①青… ②水… Ⅲ. ①无污染能源－能源发展－研究报告－青海－2022 Ⅳ. ①F426.2

中国国家版本馆CIP数据核字(2023)第104155号

书　名	**青海省清洁能源发展报告 2022** QINGHAI SHENG QINGJIE NENGYUAN FAZHAN BAOGAO 2022
作　者	青海省能源局　水电水利规划设计总院　编
出版发行	中国水利水电出版社 （北京市海淀区玉渊潭南路 1 号 D 座　100038） 网址：www. waterpub. com. cn E-mail：sales@mwr. gov. cn 电话：（010）68545888（营销中心）
经　售	北京科水图书销售有限公司 电话：（010）68545874、63202643 全国各地新华书店和相关出版物销售网点
排　版	中国水利水电出版社微机排版中心
印　刷	天津嘉恒印务有限公司
规　格	210mm×285mm　16 开本　8.5 印张　154 千字
版　次	2023 年 6 月第 1 版　2023 年 6 月第 1 次印刷
定　价	**198.00** 元

编 委 会

前言

2022 年是党的二十大胜利召开之年，是“十四五”规划实施的关键一年。党的二十大报告指出，积极稳妥推进碳达峰碳中和，立足我国能源资源禀赋，坚持先立后破，有计划分步骤实施碳达峰行动，加快规划建设新型能源体系，为我国能源发展指明了前进方向，提供了根本遵循。随着能源革命深入推进，我国可再生能源发展实现新突破，装机总量历史性超过煤电装机，呈现大规模、高比例、市场化、高质量发展的新特征，市场活力充分释放，产业发展领跑全球，已经进入高质量跃升发展新阶段。

2022 年，青海省坚持以习近平新时代中国特色社会主义思想为指导，深入贯彻落实习近平总书记对青海能源工作重要讲话精神，坚持稳中求进工作总基调，全面落实“疫情要防住、经济要稳住、发展要安全”的明确要求，统筹疫情防控和经济发展，攻坚克难，踔厉奋发，扎实推进国家清洁能源产业高地建设，推动各项决策部署落地落实。全省清洁能源综合开发规模明显扩大，能源清洁利用水平显著提升，能源科技产业取得突破，能源市场化改革步伐和清洁能源交流进一步加快，清洁低碳、安全高效的能源体系综合建设水平迈上新台阶，为建设富裕文明和谐美丽新青海提供了坚强的能源保障。

2022 年，青海省坚持源网荷储一体化发展。重大清洁能源项目加快建设，第一批国家大型风电光伏基地项目全面开工，海南戈壁基地、海西柴达木沙漠基地纳入国家规划布局方案，玛尔挡、羊曲水电站有序推进，首批 760 万 kW 抽水蓄能项目核准，实现全省抽水蓄能项目核准零的突破；西宁北 750kV 输变电工程、鱼卡—托素 750kV 线路等项目建成投运，骨干网架结构进一步加强；世界最大规模新能源分布式调相机群全面建成投运，青豫直流最大运行功率达到 600 万 kW；“绿电 5 周”全清洁能源供电再次刷新世界纪录。青海省聚力源网荷储打造国家清洁能源产业高地的典型经验做法，获国务院第九次大督查通报表扬，高地建设迈出坚实步伐。

为更好推进国家清洁能源产业高地建设，及时全面总结清洁能源发展成就，分析研判清洁能源发展特点和趋势，提出切实可行的发展建议，增强高地建设工作的指导性，加快清洁能源资源开发利用，持续助推高地战略落地，青海省能源局和水电水利规划设计总院联合编写了《青海省清洁能源发展报告 2022》。全书共分为十四篇，包括：发展综述、发展形势、常规水电及抽水蓄能、太阳能发电、风力发电、生物质能、地热能、天然气、新型储能、氢能、电网、清洁能源对全省经济带动作用、政策要点、热点研究方向，从客观数据入手作简明入理分析，全面反映青海省 2022 年清洁能源发展总体状况，分类提出了发展趋势、发展特点及对策建议。

《青海省清洁能源发展报告 2022》是宣传青海清洁能源发展经验的品牌和展示青海清洁能源发展成就的窗口，在编制过程中，得到国家可再生能源信息管理中心、有关厅（局）、各市（州）能源主管部门、青海省社会科学院、中国人民银行西宁中心支行、国家电网青海省电力公司、各发电企业、中国石油青海油田公司、中国电建集团西北勘测设计研究院有限公司、中国电建集团青海省电力设计院有限公司等相关企业、机构的大力支持和指导，在此谨致衷心感谢。

青海省能源局

水电水利规划设计总院

2023 年 6 月

目录 CONTENTS

1

发展综述

1.1 我国可再生能源继续保持全球领先地位

2022 年，全国风电、光伏发电新增装机达到 1.25 亿 kW，连续三年突破 1 亿 kW，再创历史新高。全年可再生能源新增装机 1.52 亿 kW，占全国新增发电装机的 76.2%，已成为我国电力新增装机的主体。其中风电新增 3763 万 kW、太阳能发电新增 8741 万 kW、生物质发电新增 334 万 kW、常规水电新增 1507 万 kW、抽水蓄能新增 880 万 kW。截至 2022 年底，全国可再生能源装机达到 12.13 亿 kW，占全国发电总装机的 47.3%，较 2021 年提高 2.5 个百分点。其中，风电 3.65 亿 kW、太阳能发电 3.93 亿 kW、生物质发电 0.41 亿 kW、常规水电 3.68 亿 kW、抽水蓄能 0.46 亿 kW。

2022 年我国风电、光伏发电量达到 1.19 万亿 kW · h，较 2021 年增加 2073 亿 kW · h，同比增长 21%，占全社会用电量的 13.8%，较 2021 年提高 2 个百分点，接近全国城乡居民生活用电量。2022 年，全国可再生能源发电量达到 2.7 万亿 kW · h，占全社会用电量的 31.6%，较 2021 年提高 1.7 个百分点，相当于欧盟 2021 年全年用电量，可再生能源在保障能源供应方面发挥的作用越来越明显。

2022 年，全球新能源产业重心进一步向我国转移，我国生产的光伏组件、风力发电机、齿轮箱等关键零部件占全球市场份额超过 70%。同时，我国可再生能源发展为全球碳减排作出积极贡献。2022 年我国可再生能源发电量相当于减排国内二氧化碳约 22.6 亿 t，出口的风电光伏产品为其他国家减排二氧化碳约 5.73 亿 t，合计减排 28.3 亿 t，约占全球同期可再生能源折算碳减排量的 41%，我国已成为全球应对气候变化的积极参与者和重要贡献者。

1.2 青海清洁能源发展的全国领先地位进一步提升

2022 年，青海省深入贯彻“四个革命、一个合作”能源安全新战略，主动服务和融入

国家发展战略，“绿电5周”全清洁能源供电实践行动刷新世界纪录，海南藏族自治州、海西蒙古族藏族自治州两个清洁能源基地建设提档升级，新型电力系统示范区建设实现突破，储能发展示范区建设提质增效，国家清洁能源产业高地建设加快推进，清洁能源发展的全国领先地位进一步提升。

具有“水丰光富风好地广”的资源禀赋

青海省清洁能源资源品类齐全，开发优势显著，水能、风能、太阳能资源位居全国前列，是清洁能源资源大省、富省，清洁能源开发利用条件居全国首位。一是水丰，全省水力资源技术可开发量2585.4万kW，水能资源丰富；二是光富，全省太阳能资源得天独厚，年总辐射量达5300～7400MJ/m^2，年日照时间达1900～3600h，位居全国第2位（仅次于西藏）；三是风好，全省70m高度年平均风功率密度大于200W/m^2的风能资源技术开发量达7500万kW，位居全国前列，特别是低风速风电开发潜力巨大；四是地广，全省未利用土地面积约占总面积的35%，可用于新能源开发的荒漠化土地约10万km^2，新能源土地成本属全国最低之列。

清洁能源装机规模突破4000万kW，占比突破91%

截至2022年底，青海省各类电源总装机容量4468万kW，同比增长8.6%。其中煤电装机容量392万kW，占全部电力装机容量的8.8%，与2021年持平；清洁能源发电装机容量首次突破4000万kW，达4076万kW，同比增长9.5%。清洁能源装机容量占比突破91%，达91.2%，比2021年提高0.7个百分点。

清洁能源装机中，水电装机容量1261万kW，占全部电力装机容量的28.2%，同比增长5.7%；风电装机容量972万kW，占全部电力装机容量的21.8%，同比增长8.5%；太阳能发电装机容量1842万kW，占全部电力装机容量的41.2%，同比增长12.9%；生物质发电装机容量0.8万kW，占全部发电装机容量的0.02%，与2021年持平。各类电源装机容量变化及占比见表1.1和图1.1、图1.2。

截至2022年底，青海省6000kW及以上各类电源总装机容量4417万kW，其中水电装机容量1240万kW，风电装机容量971万kW，太阳能发电装机容量1828万kW，煤电装机容量379万kW。

表 1.1　　2022 年和 2021 年各类电源累计装机容量

电源类型	装机容量/万 kW		同比增长/%
	2022 年	2021 年	
各类电源总装机容量	4468	4114	8.6
清洁能源发电	4076	3722	9.5
风电	972	896	8.5
太阳能发电	1842	1632	12.9
其中：光伏发电	1821	1611	13.0
光热发电	21	21	0.0
水电	1261	1193	5.7
生物质发电	0.8	0.8	0.0
煤电	392	392	0.0

注　装机容量均为并网口径。

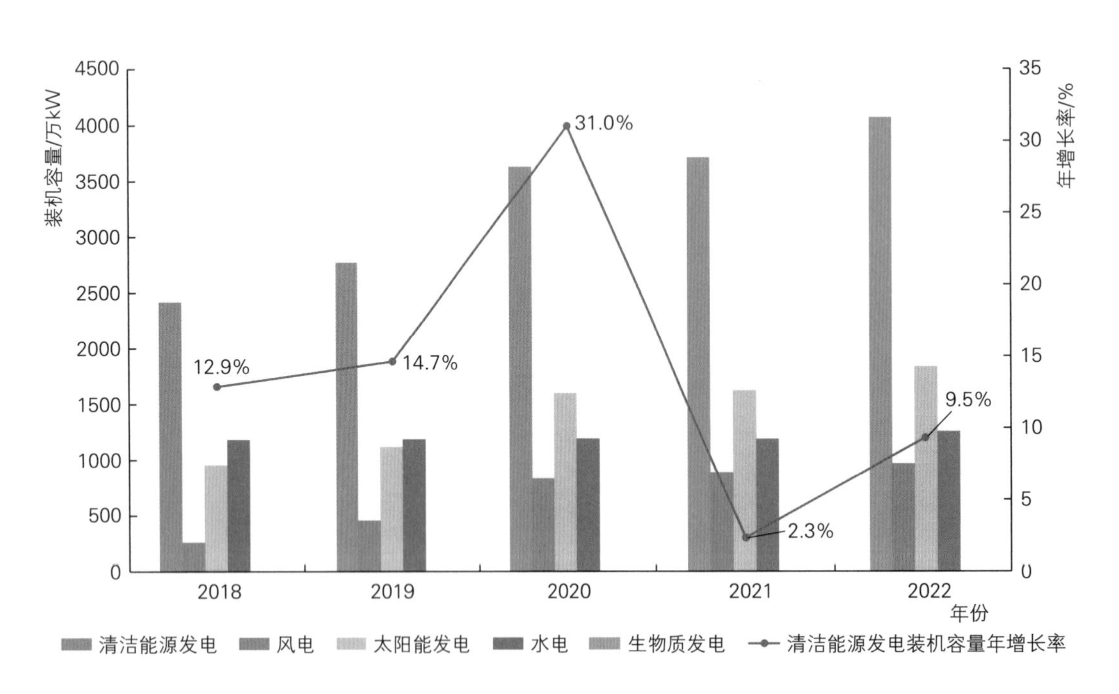

图 1.1　2018—2022 年清洁能源发电装机容量及年增长率变化对比

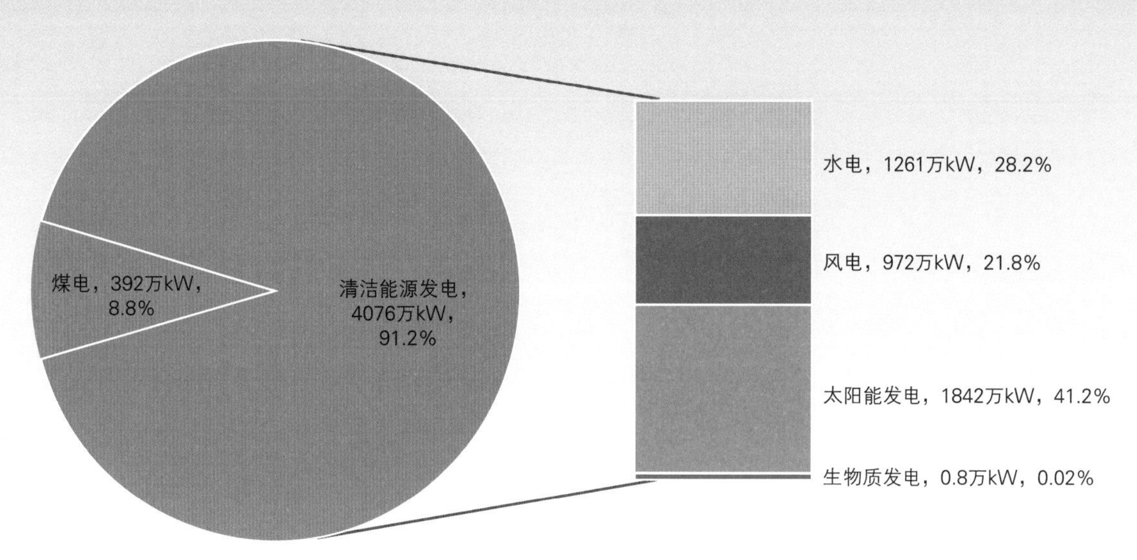

图 1.2 青海省 2022 年各类电源装机容量及占比

连续三年新增装机全部为清洁能源

依托丰富的风能、太阳能等资源优势，青海省积极推动能源结构调整，大力发展风电、太阳能发电等清洁能源，能源清洁低碳转型加快推进，清洁能源供给能力和质量稳步提升，清洁能源已成为青海省能源转型重要部分和电力增量主体。

2022 年，青海省新增清洁能源发电装机容量 354 万 kW，其中水电新增装机容量 68 万 kW，太阳能发电新增装机容量 210 万 kW，风电新增装机容量 76 万 kW。 2018—2022 年，青海省清洁能源发电装机容量年均增长率为 13.9%，在全省电力总装机容量中的占比从 2018 年的 86.5%提升到 2022 年的 91.2%，煤电装机容量占比从 13.5%下降到 8.8%。 连续五年清洁能源装机容量占全省总装机容量比重超过 86%，清洁能源新增装机容量占全省新增电力总装机容量比重超过 96.5%，连续三年新增装机全部为清洁能源。 2018—2022 年，青海省清洁能源发电装机容量及新增装机容量变化见表 1.2 和图 1.3。

表 1.2　　2018—2022 年青海省清洁能源发电装机容量及新增装机容量一览表

年　份	2018	2019	2020	2021	2022
清洁能源发电装机容量/万 kW	2421	2776	3637	3722	4076
电力总装机容量/万 kW	2800	3168	4029	4114	4468
装机容量占比(清洁能源发电装机容量/电力总装机容量)/%	86.5	87.6	90.3	90.5	91.2

续表

年　份	2018	2019	2020	2021	2022
清洁能源发电新增装机容量/万 kW	277	355	861	85	354
新增电力总装机容量/万 kW	277	368	861	85	354
新增装机容量占比(清洁能源发电新增装机容量/新增电力总装机容量)/%	107.8[①]	96.5	100.0	100.0	100.0

① 新增装机容量占比超过 100% 的原因是煤电装机容量降低，如 2018 年煤电装机容量降低 20 万 kW。

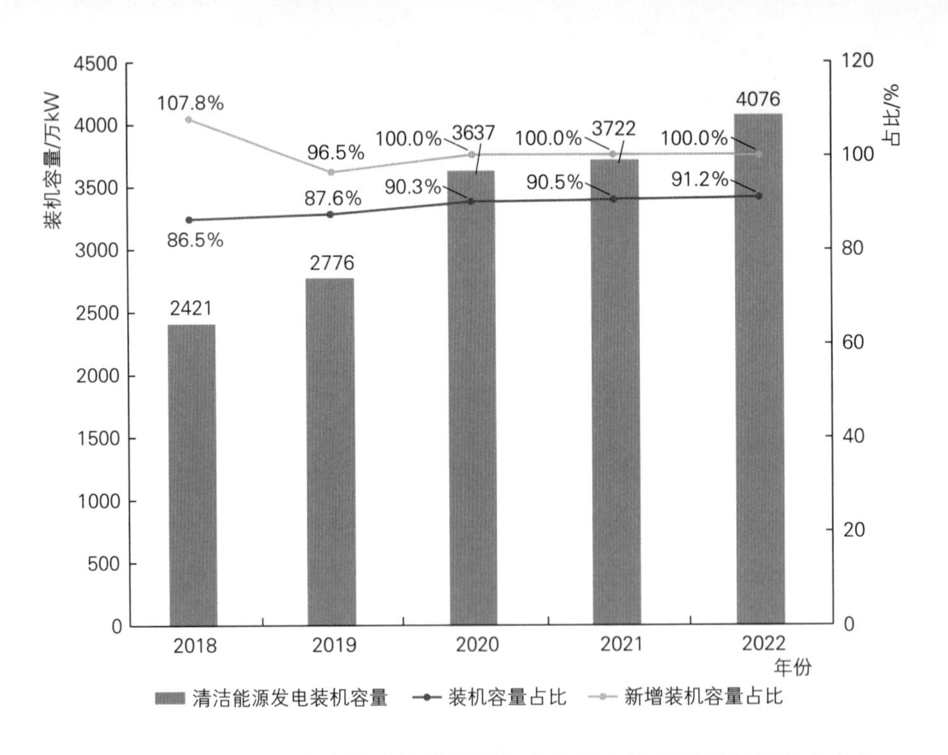

图 1.3　2018—2022 年青海省清洁能源发电装机容量及新增装机容量变化

新能源发电装机稳步增长，占比连续三年突破 60%

青海省立足自身能源资源发展优势，积极规划建设以沙漠、戈壁、荒漠地区为重点的大型风电光伏基地，建立以多能互补一体化和源网荷储一体化模式为主的市场化发展机制，全力推进风电、光伏等新能源大规模开发利用。截至 2022 年底，青海省新能源发电装机容量达 2814 万 kW，新能源发电装机容量在全省电力总装机容量中的占比，从 2018 年的 43.9% 增长至 2022 年的 63.0%（见图 1.4），近五年均保持增长态势，新能源装机占比连续三年突破 60.0%，在全省电力装机占比中保持较高水平。

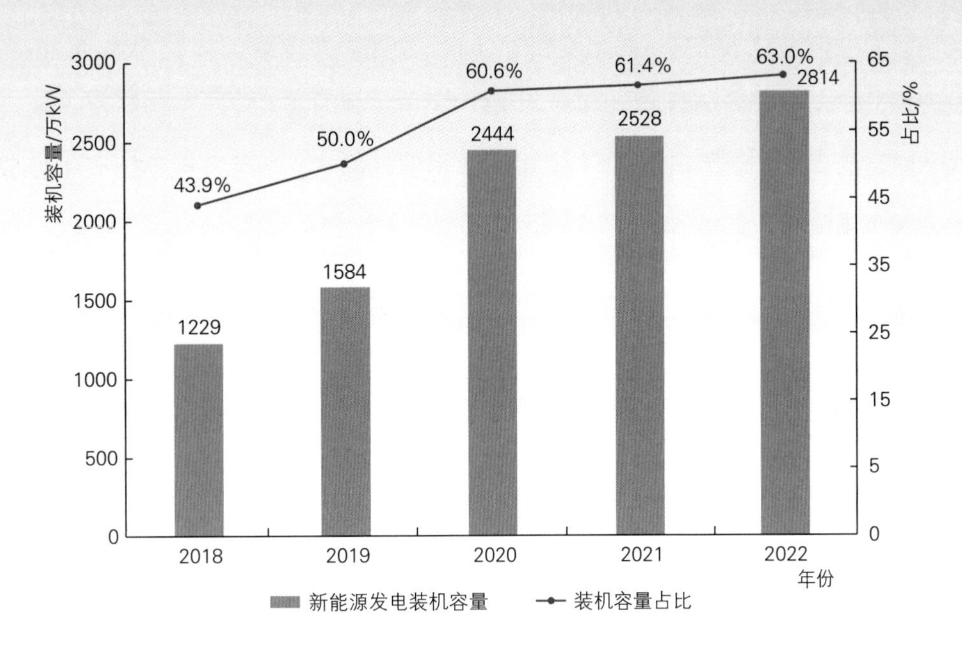

图 1.4 2018—2022 年青海省新能源发电装机容量及占比

常规水电有序发展，抽水蓄能核准实现零的突破

2022 年，青海省加快常规水电项目实施，玛尔挡、羊曲水电站有序推进，工程形象进度满足 2024 年投运目标；李家峡扩机项目完成 5 号机组蜗壳安装，满足 2023 年投运目标。印发《青海省抽水蓄能项目管理办法（暂行）》，填补了全省抽水蓄能行业管理空白。哇让、同德、南山口三项目核准，实现了青海省抽水蓄能项目核准零的突破，核准项目总装机达 760 万 kW，位居西北五省第 1 位，年度核准规模约占全国核准总规模的 11%，总投资达 500 亿元。

清洁能源发电量呈现“一降三升”特征

2022 年，青海省各类电源全口径总发电量 993 亿 kW · h，同比增长 0.4%。其中煤电发电量 154 亿 kW · h，占各类电源总发电量的 15.5%，同比增长 7.7%；清洁能源发电量 839 亿 kW · h，占全部发电量的 84.5%，同比降低 0.9%。

青海省清洁能源发电量呈现“一降三升”特征，其中水电发电量 427 亿 kW · h，占各类电源总发电量的 43.0%，同比降低 15.4%，仍是第一大发电量主体；风电发电量 156 亿 kW · h，占各类电源总发电量的 15.7%，同比增加 20.0%；太阳能发电量 256 亿 kW · h，

占各类电源总发电量的25.8%，同比增加21.5%；生物质发电量0.30亿kW·h，占各类电源总发电量的0.03%，同比增加30.4%。其中风电、太阳能发电、生物质发电量增长幅度较大，均超过20%，创历史新高。受黄河来水偏枯影响，水电发电量下降幅度较大。各类电源发电量变化及占比见表1.3和图1.5、图1.6。

表1.3　　2022年与2021年各类电源发电量一览表

电源类型	发电量/(亿kW·h)		同比增长/%
	2022年	2021年	
各类电源总发电量	993	989	0.4
清洁能源发电	839	846	-0.9
风电	156	130	20.0
太阳能发电	256	211	21.5
水电	427	505	-15.4
生物质发电	0.30	0.23	30.4
煤电	154	143	7.7

注　发电量均为并网口径。

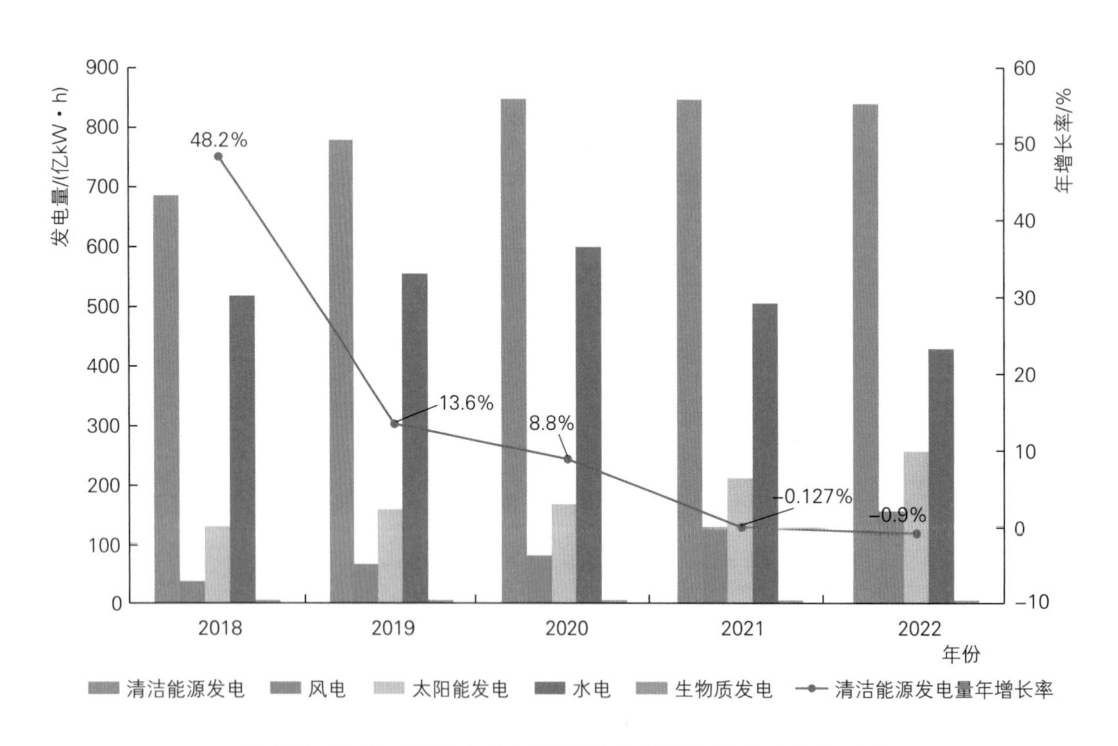

图1.5　2018—2022年清洁能源发电量及年增长率变化对比

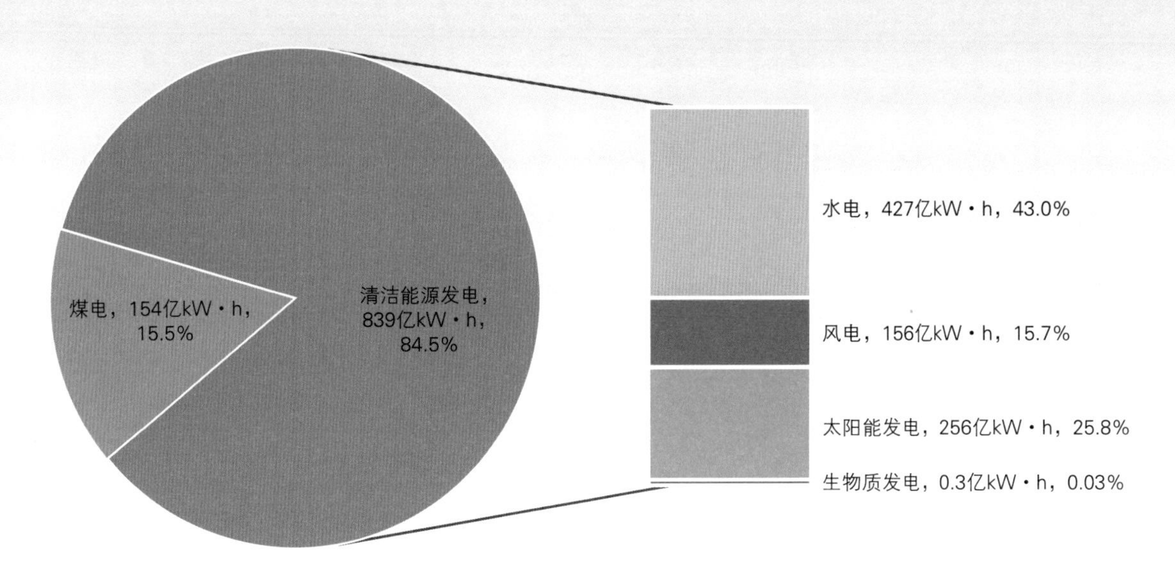

图 1.6 青海省 2022 年各类电源年发电量及占比

2022 年，青海省 6000kW 及以上各类电源总发电量 983 亿 kW · h，同比下降 0.7%，其中煤电发电量 154 亿 kW · h，清洁能源发电量 829 亿 kW · h，占全部发电量的 84.3%。清洁能源发电量中，水电发电量 419 亿 kW · h，风电发电量 156 亿 kW · h，太阳能发电量 254 亿 kW · h。

近五年清洁能源发电量占比首次跌破 85%

2022 年，青海省全口径清洁能源发电量 839 亿 kW · h，较 2021 年降低 7 亿 kW · h，其中水电降低 78 亿 kW · h，太阳能发电增加 45 亿 kW · h，风电增加 26 亿 kW · h。2018—2022 年，青海省清洁能源发电量年均增长率约 5.2%，在全省电力总发电量中，占比从 2018 年的 85.1%降低到 2022 年的 84.5%，近五年清洁能源发电量占比首次跌破 85%。受黄河来水偏枯影响，2021 年和 2022 年清洁能源发电量均呈下降趋势。

2018—2022 年，青海省清洁能源发电量及新增发电量变化见表 1.4 和图 1.7。

表 1.4　　2018—2022 年青海省清洁能源发电量及新增发电量一览表

年　份	2018	2019	2020	2021	2022
清洁能源发电量/(亿 kW·h)	686	779	847	846	839
电力总发电量/(亿 kW·h)	805	883	948	989	993
发电量占比(清洁能源发电量/电力总发电量)/%	85.1	88.2	89.3	85.5	84.5
新增清洁能源发电量/(亿 kW·h)	223	93	68	－1	－7①
新增电力总发电量/(亿 kW·h)	190	78	65	41	4
新增发电量占比(新增清洁能源发电量/新增电力总发电量)/%	117.5②	120.0	103.8	－2.4③	－188.5

① 2022 年来水偏枯，水电发电量大幅降低，导致 2022 年清洁能源发电量相比 2021 年明显降低。

② 新增发电量占比超过 100% 的原因是煤电发电量降低，如 2018 年、2019 年、2020 年煤电发电量分别降低 34 亿 kW·h、15 亿 kW·h、4 亿 kW·h。

③ 新增发电量占比为负的原因是本年度清洁能源发电量降低，煤电发电量增加。

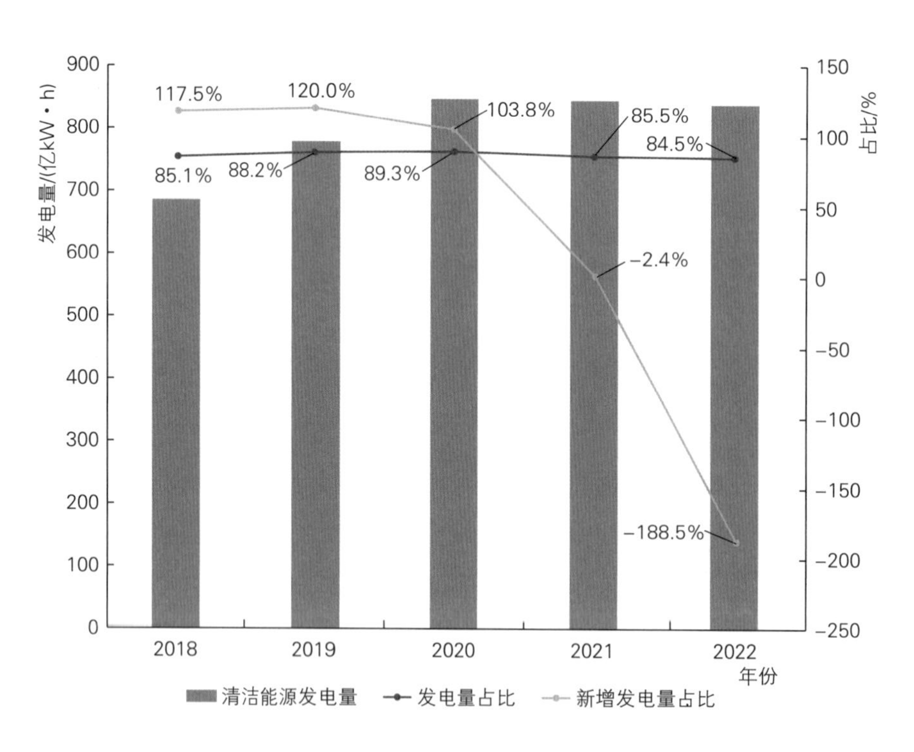

图 1.7　2018—2022 年青海省清洁能源发电量及新增发电量变化

新能源发电量持续增长，占比首次突破 40%

2022 年青海省全口径新能源发电量 412 亿 kW · h，较 2021 年提高 71 亿 kW · h。新能源发电量在全省电力总发电量的占比从 2018 年的 20.9% 提升到 2022 年的 41.5%（见图 1.8），近五年均保持增长趋势。2022 年新能源发电量占比首次突破 40%，增长显著。

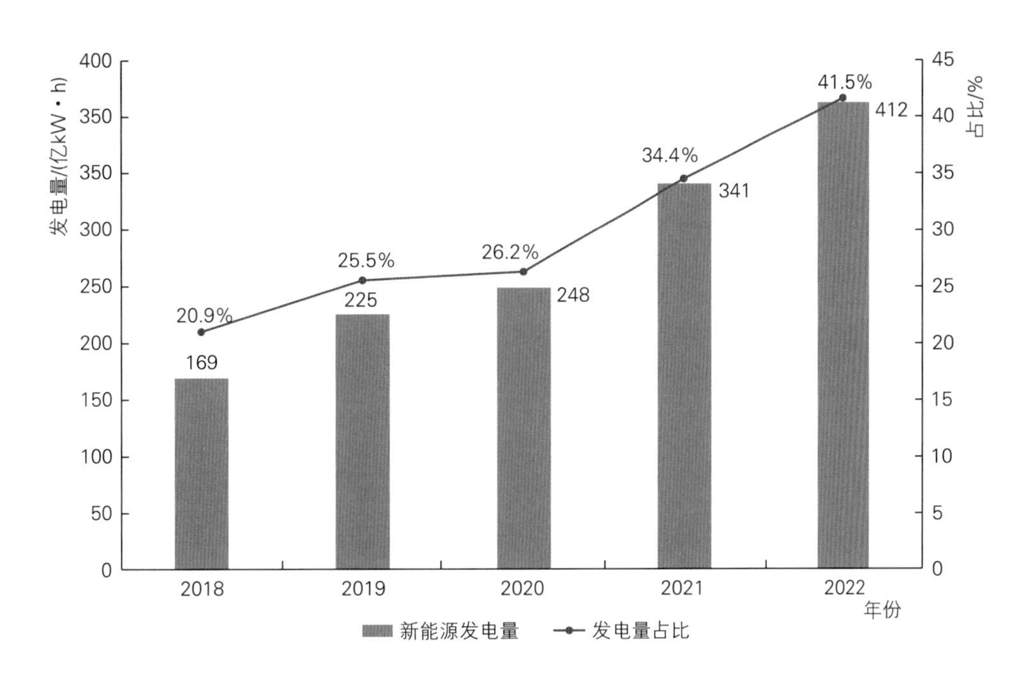

图 1.8　2018—2022 年青海省新能源发电量及占比

1.3　青海省可再生能源电力总量消纳责任权重居全国首位

2022 年国家下达的青海省可再生能源电力总量消纳责任权重最低值为 70.0%，激励值为 77.0%。经测算，青海省 2022 年实际完成值为 75.3%，较 2021 年降低 1.7 个百分点，超过国家下达的最低值 5.3 个百分点；2022 年国家下达的青海可再生能源电力非水消纳责任权重为 26.0%，激励值为 28.6%。经测算，2022 年实际完成值为 33.2%（见图 1.9），较 2021 年提升 3.9 个百分点，超过国家下达的最低值 7.2 个百分点，超过国家下达的激励值 4.6 个百分点。

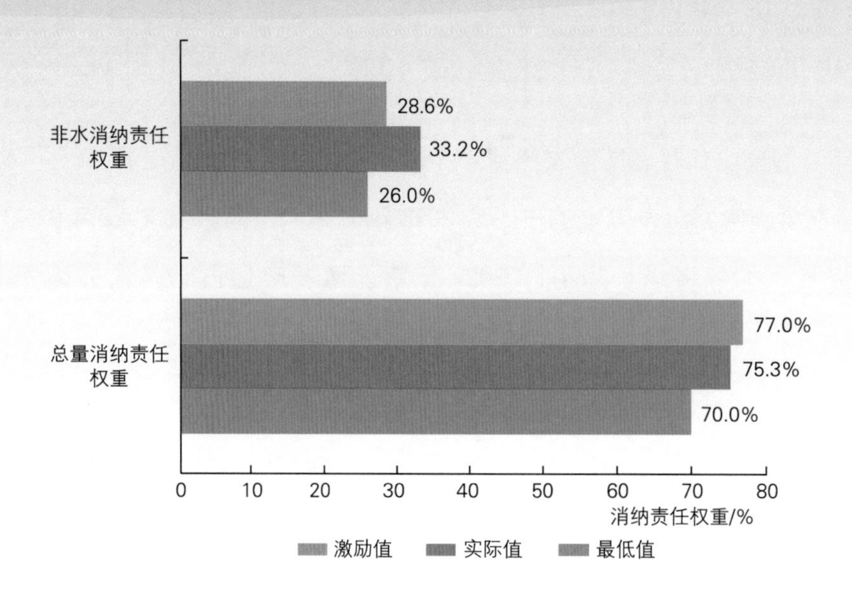

图 1.9　2022 年青海省可再生能源电力消纳责任权重目标值及实际值

1.4　青海省清洁能源技术创新能力有效提高

青海省围绕产业延链强链补链，创新能力显著提升。多能互补绿色储能国家重点实验室纳入《青海省十大国家级科技创新平台培育建设工作方案》，青海省氢能创新工程技术研究中心获批成立。高效晶硅、电池片及光伏组件等关键技术实现新突破，电池研发转换效率达到 25.06%。21 台 50MVA 新能源分布式调相机群在青海全面建成投运，成为世界首个、规模最大的新能源分布式调相机群，青豫直流最大运行功率达到 600 万 kW，对未来国内大型清洁能源基地的建设、运行及外送消纳提供了成功示范。建成国内首个 100%清洁能源可溯源绿色大数据中心，突出绿色、零碳、可溯源三个关键特征，大数据中心内建设分布式光伏 + 电化学储能的绿电供应系统，结合青海省冷凉气候，可实现全年 314 天不开启空调，实现 100%可溯源绿电供应，重点指标和核心技术应用均处于国内领先水平。

2

发展形势

2.1 我国可再生能源发展面临的形势

当今世界正经历百年未有之大变局，世界能源格局深刻变化，全球能源加速向低碳、零碳方向演进。可再生能源成为全球应对气候变化的重大举措，得到各国政府高度重视，世界主要国家和地区纷纷提高应对气候变化自主贡献度。

从国际形势看，我国可再生能源发展处于“领跑”队列。我国水电、风电、光伏发电、生物质发电装机总规模连续多年稳居世界首位。在太阳能发电领域，我国已摘得全球最大光伏发电全产业链集群、最大应用市场、最大投资国、最多发明和应用专利以及最大产品出口国等一系列桂冠。预计到 2025 年，我国生产的光伏组件等关键零部件占全球市场份额将超过 95%，我国可再生能源发展前景广阔。

从国内形势看，党中央强调“能源的饭碗必须端在自己手里”“新时代新阶段的发展必须贯彻新发展理念，必须是高质量发展”。党的二十大报告指出：“积极稳妥推进碳达峰碳中和”“有计划分步骤实施碳达峰行动”。在“双碳”目标指引下，全国上下深入贯彻“四个革命、一个合作”能源安全新战略，中国可再生能源已呈现大规模、高比例、市场化和高质量发展的四大特征。一是大规模发展，可再生能源发电装机总量及占比进一步扩大，到“十四五”末可再生能源发电装机占我国电力总装机的比例将超过 50%；二是高比例发展，到“十四五”末，预计可再生能源在全社会用电量增量中的比重将达到 2/3 左右，在一次能源消费增量中的比重将超过 50%，可再生能源将从原来能源电力消费的增量补充，变为能源电力消费增量的主体；三是市场化发展，由补贴支撑发展转为平价低价发展，由政策驱动发展转为市场驱动发展；四是高质量发展，既大规模开发，也高水平消纳，更保障电力稳定可靠供应，实现高质量跃升发展。

进入新时代，能源政策迭代出新，中国坚决落实碳达峰碳中和任务，大力推进能源革命向纵深发展，我国可再生能源发展正处于大有可为的战略机遇期。其一，国家政策风向利好。在“双碳”目标下，国家陆续出台了一系列支持新能源发展的政策和办法。特别

是国家能源局在《2022年能源工作指导意见》中明确指出要稳步推进结构转型，煤炭消费比重稳步下降，非化石能源占能源消费总量比重提高到17.3%左右，新增电能替代电量1800亿kW·h左右，风电、光伏发电发电量占全社会用电量的比重达到12.2%左右。清洁能源产业发展政策的密集出台，对清洁能源行业发展利好不断。其二，技术装备水平大幅提升，为可再生能源发展注入澎湃动能。我国已形成较为完备的可再生能源技术产业体系，水电领域具备全球最大的百万千瓦级水轮机组自主设计制造能力，特高坝和大型地下洞室设计施工能力均居世界领先水平；低风速风电技术位居世界前列，国内风电装机90%以上采用国产风机；光伏发电技术快速迭代，多次刷新电池转换效率世界纪录，光伏产业占据全球主导地位，光伏组件全球排名前十的企业中我国占据8席。全产业链集成制造有力推动风电、光伏发电成本持续下降，产业竞争力大幅提升。

2.2 青海清洁能源发展面临的形势

从省内来看，青海省清洁能源发展成效显著，市场竞争日趋激烈。其一，青海省深入贯彻落实习近平总书记“打造国家清洁能源产业高地”的重要指示精神，依托国家清洁能源示范省省部共建协调推进工作机制，着眼“产供储销”全面发力，创新清洁能源发展机制和模式，提高清洁能源供应能力，深入推进青海国家清洁能源产业高地建设，清洁能源装机规模和发电量稳步提高，能源消费清洁低碳转型步伐加快，清洁能源技术创新能力有效提高，产业链提质增效，持续将能源资源优势转化为产业发展优势。其二，全省用电需求增速趋缓，本地消纳能力明显不足。2022年青海省全社会用电量922.5亿kW·h，全社会最大负荷仅为1206万kW，本地消纳能力有限，迫切需要新建特高压外送通道，拓展省外消纳市场。其三，在“双碳”目标指引下，西北各省（自治区）均依托本地清洁能源资源禀赋大力发展清洁能源产业，积极寻求电力受端市场，加快谋划本省清洁能源外送通道建设，清洁能源消纳市场竞争日趋激烈。

2.3 青海清洁能源发展存在的问题

2022年，青海省清洁能源发展取得了显著成效，但依然存在一些问题，主要表现为

"五个错配"和"一个滞后"。

一是电源结构错配。光伏发电异军突起、单兵突进，常规支撑性电源增长缓慢。青海电网新能源高占比的结构特性和基础电源、灵活调节电源不足的实际，决定了电网季节性的"夏丰冬枯"与日内的"日盈夜亏"现象，靠自身调节能力难以满足运行需求，极度依赖省间互济调节能力，电力系统缺乏稳定电源支撑。

二是网源时空错配。电源建设超前于电网，网源并网规模、投产时序均不匹配。省内资源丰富地区电网汇集能力建设、骨干网架建设与新能源增量电源布局不匹配，导致大规模高比例新能源接网和消纳形势严峻。省外输电通道单一，仅靠青豫直流一条外送通道输送电力，与清洁能源长期大规模发展需求存在差距，亟需建设新的外送通道。

三是生产消纳错配。青海省经济规模体量小，本地消纳能力有限。同时，产业结构和产业布局亟需优化，高强度的能源投资、巨大的新能源应用市场缺乏与之匹配的产业规模、布局，没有转化成本地产业发展的优势。区域上，青海东部负荷中心与中西部电源基地的逆向分布进一步加剧了供需矛盾。

四是储能周期错配。在国家储能成本和价格疏导机制、建设运营管理体制尚不成熟的情况下，大规模应用价格昂贵、寿命周期短、品种单一的短时电化学储能，没有形成短时、中时、长时不同周期、不同技术路线的综合效益。同时，电化学储能项目分散带来安全、环保问题，强制配套储能不但给企业带来负担，同时也难以满足电力系统的大规模、长时储能需求。

五是价值价格错配。青海省 0.2277 元/（kW·h）的平价上网电价为全国最低，外送新能源落地电价普遍低于当地火电标杆电价，未体现出"绿电"生态价值，光热、储能等调节电源又缺乏相应电价补偿机制，导致新能源项目收益率普遍较低。同时，省内购入的煤电价格较高，省间购、送电价格倒挂，抬高了省内用电成本，与省内用户对低电价的需求存在较大差距。

六是并网规模滞后于年度计划。2021 年 11 月，青海省人民政府办公厅印发《青海打造国家清洁能源产业高地 2022 年工作要点的通知》（青政办函〔2022〕153 号），明确加快国家第一批以沙漠、戈壁、荒漠地区为重点的大型风电光伏基地项目建设，力争到 2022 年底建成并网 300 万 kW，2022 年实际并网容量 130 万 kW，为目标值的 43.3%，建设进度滞后于年度计划。

3

常规水电及抽水蓄能

3.1 发展基础

水能资源丰富，被誉为“中华水塔”

青海全省地势总体呈西高东低、南北高中部低的态势，山高水长，河床天然落差大，水量丰沛且稳定，水能资源丰富，是黄河、长江、澜沧江的发源地，被誉为“中华水塔”。省内流域分为黄河流域、长江流域、澜沧江流域和内陆河流域四大流域区，根据 2003 年全国水力资源复查成果，青海省水力资源技术可开发量为 2585.4 万 kW，其中黄河流域技术可开发量 2027.6 万 kW，占 78%；长江流域技术可开发量 334.4 万 kW，占 13%；澜沧江流域技术可开发量 158.2 万 kW，占 6%；内陆河流域技术可开发量 64.8 万 kW，占 3%。

抽水蓄能资源丰富，10 个项目纳入国家“十四五”抽水蓄能核准计划

2022 年 3 月，国家发展改革委、国家能源局印发《关于加快“十四五”时期抽水蓄能项目开发建设有关工作的通知》，青海省哇让、南山口、共和、同德、龙羊峡储能（一期）、玛沁、大柴旦、大柴旦鱼卡、德令哈、格尔木那棱格勒 10 个站点（1790 万 kW）纳入国家“十四五”抽水蓄能核准计划，规模居西北五省之首。

3.2 发展现状

常规水电资源开发程度近半，技术经济条件较好的水能资源基本得到利用

截至 2022 年底，全国水电装机容量 41350 万 kW，其中，常规水电装机 36771 万 kW。目前，青海省已投产常规水电装机容量约 1261 万 kW，占全国常规水电装机容量比重为 3.4%。省内水电资源开发程度近半，技术经济条件较好的水能资源基本得到利用。

2022 年常规水电装机规模按行政区域划分布局如下（见图 3.1 和图 3.2）：

（1）西宁市水电装机容量 9.4 万 kW，共 48 座，均为小型水电站。

（2）海东市水电装机容量 344.4 万 kW，共 39 座，位居全省第 2 位。其中，大型水电站 2 座，包括公伯峡水电站（150 万 kW）、积石峡水电站（102 万 kW），均位于黄河干流；中型水电站 4 座，包括苏只水电站（22.5 万 kW）、黄丰水电站（22.5 万 kW）、大河家水电站（14.2 万 kW）、金沙峡（7 万 kW）；小型水电站 33 座，装机容量合计 26.2 万 kW。

（3）海南藏族自治州水电装机容量 618.6 万 kW，共 42 座，位居全省首位。其中，大型水电站 3 座，包括班多水电站（36 万 kW）、龙羊峡水电站（128 万 kW）、拉西瓦水电站（420 万 kW），均位于黄河干流；中型水电站 2 座，包括尼那水电站（16 万 kW）、尕曲水电站（8 万 kW）；小型水电站 37 座，装机容量合计 10.6 万 kW。

（4）海西蒙古族藏族自治州水电装机容量 21.8 万 kW，共 25 座，均为小型水电站。

（5）海北藏族自治州水电装机容量 35.1 万 kW，共 31 座。其中，中型水电站 2 座，包括石头峡水电站（10.1 万 kW）、纳子峡水电站（8.7 万 kW）；小型水电站 29 座，装机容量合计 16.3 万 kW。

（6）玉树藏族自治州水电装机容量 4.4 万 kW，共 11 座，均为小型水电站。

（7）果洛藏族自治州水电装机容量 5.9 万 kW，共 7 座，均为小型水电站。

（8）黄南藏族自治州水电装机容量 221.7 万 kW，共 28 座，位居全省第三位。其中，

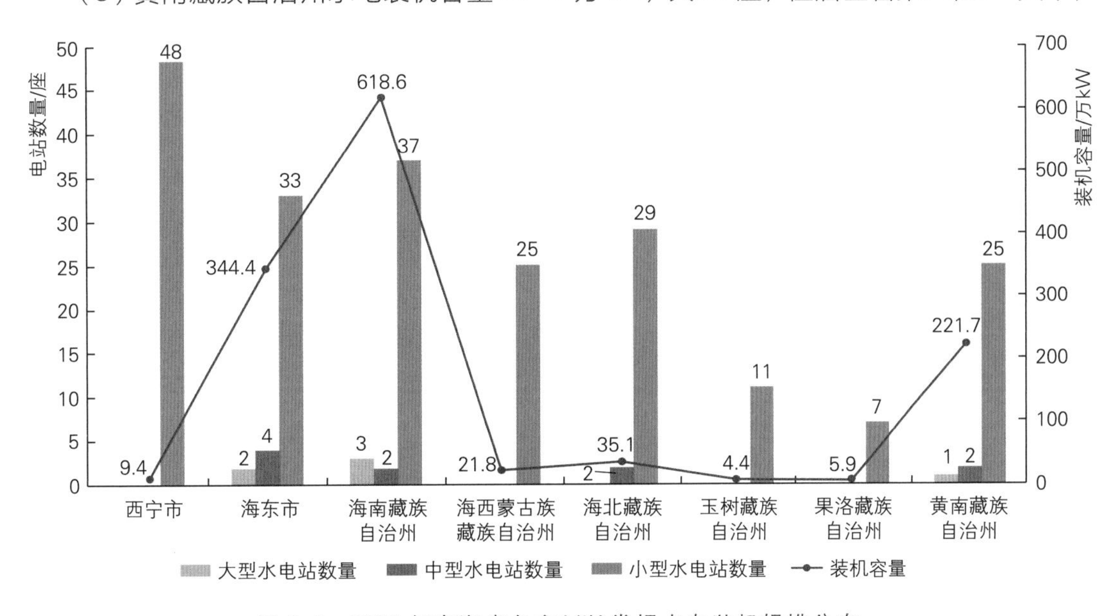

图 3.1　2022 年青海省各市（州）常规水电装机规模分布

大型水电站 1 座，为李家峡水电站（160 万 kW），位于黄河干流；中型水电站 2 座，包括直岗拉卡水电站（19 万 kW）、康扬水电站（28.4 万 kW）；小型水电站 25 座，装机容量合计 14.3 万 kW。

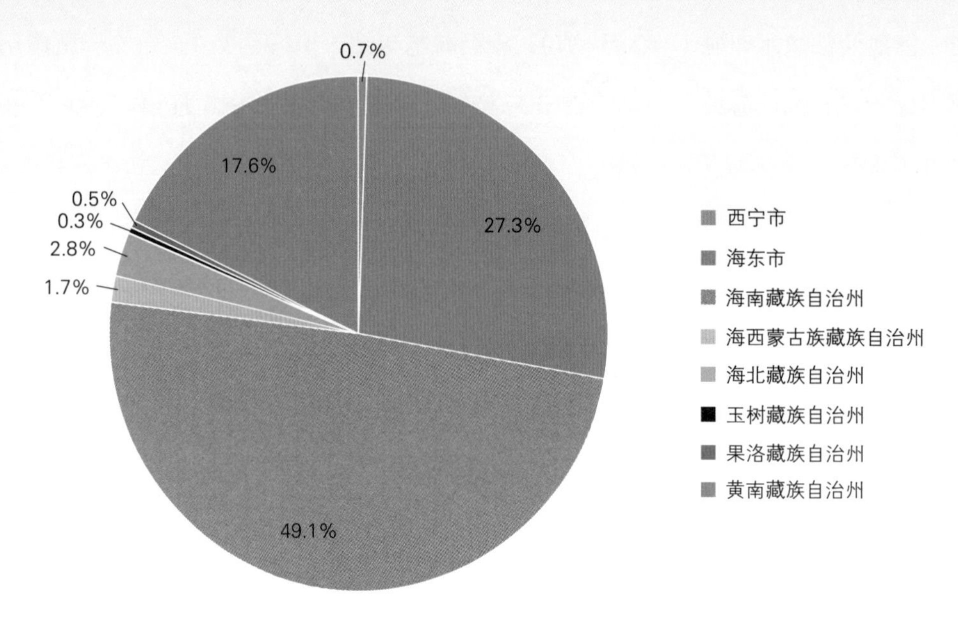

图 3.2　2022 年青海省常规水电投产装机容量占比

从流域分布来看，青海省已建、在建水电站主要集中在黄河干流，其中龙羊峡以上河段已建水电站为班多水电站，在建水电站为玛尔挡水电站和羊曲水电站；龙羊峡及以下河段包括已建龙羊峡、拉西瓦、尼那、李家峡、直岗拉卡、康扬、公伯峡、苏只、黄丰、积石峡和大河家 11 个梯级水电站。青海省已建、在建梯级水电站工程概况见表 3.1。

表 3.1　　青海省黄河干流已建、在建梯级水电站工程概况表

序号	水电站名称	正常蓄水位/m	调节库容/亿 m³	装机容量/万 kW	建设情况	开发业主
1	玛尔挡	3275	7.06	220	在建（预计 2024 年投产）	国家能源
2	班多	2760	0.037	36	2011 年投产	国家电投
3	羊曲	2710①		120	在建（预计 2024 年投产）	国家电投
4	龙羊峡	2600	193.5	128	1987 年投产	国家电投
5	拉西瓦	2452	1.5	420	2009 年投产	国家电投
6	尼那	2235.5	0.083	16	2003 年投产	中国电建

续表

序号	水电站名称	正常蓄水位/m	调节库容/亿 m³	装机容量/万 kW	建设情况	开发业主
7	李家峡	2180	0.58	200	1997 年投产（5 号机组 40 万 kW，预计 2023 年底投产）	国家电投
8	直岗拉卡	2050	0.03	19	2007 年投产	大唐国际
9	康扬	2033	0.05	28.4	2006 年投产	三江水电
10	公伯峡	2005	0.75	150	2004 年投产	国家电投
11	苏只	1900	0.142	22.5	2006 年投产	国家电投
12	黄丰	1880.5	0.14	22.5	2015 年投产	三江水电
13	积石峡	1856	0.45	102	2010 年投产	国家电投
14	大河家	1783		14.2	2018 年投产	三江水电

① 按照生态环境部《关于黄河羊曲水电站工程环境影响报告书的批复》（环审〔2020〕104 号）要求，羊曲水电站水库按照 2710m 的生态限制水位运行。

3 个抽水蓄能项目获得核准批复

2022 年 12 月底，青海省发展改革委核准批复第一批抽水蓄能项目，即哇让（280 万 kW）、同德（240 万 kW）、南山口（240 万 kW）抽水蓄能电站，总装机容量 760 万 kW。

哇让抽水蓄能电站位于海南藏族自治州贵南县，装机规模 280 万 kW。哇让抽水蓄能电站是国家能源局在青海省众多抽水蓄能电站比选站点中首先推荐开发的经济指标最优的站点，也是保障省内电力供应和支撑海南州戈壁新能源基地电力外送的重要调节电源。

同德抽水蓄能电站位于海南藏族自治州同德县，装机规模 240 万 kW。电站依托玛尔挡水电站库区为下水库，是全国第一个“一库两抽蓄”项目，也是青海省首批依托在建大型水电站建设的抽水蓄能项目之一。

南山口抽水蓄能电站位于海西蒙古族藏族自治州格尔木市，装机规模 240 万 kW。电站距格尔木市区 35km，是青海省首个在“沙戈荒”地区核准建设的抽水蓄能项目，将作为海西千万千瓦级可再生能源基地的关键支撑。

3 个项目正在开展前期勘测设计工作

截至 2022 年底，除 3 个已核准项目外，青海省另有 3 个抽水蓄能项目正在开展前期勘测设计工作，即玛沁、龙羊峡储能（一期）、共和抽水蓄能电站项目。

玛沁抽水蓄能电站位于果洛藏族自治州玛沁县，初拟装机规模 140 万 kW，可行性研究阶段装机规模拟调增至 180 万 kW。电站与同德抽水蓄能项目均依托玛尔挡水电站库区为下水库，是青海省首批依托在建大型水电站建设的抽水蓄能项目之一。

龙羊峡储能（一期）项目位于海南藏族自治州共和县与贵南县交界处，初拟装机规模 100 万 kW，预可行性研究阶段装机规模拟调增至 120 万 kW。项目利用已建龙羊峡水电站水库作为上水库、已建拉西瓦水电站水库作为下水库，是青海省首个开展前期勘测设计工作的混合式抽水蓄能电站。

共和抽水蓄能电站位于海南藏族自治州共和县，初拟装机规模 390 万 kW。项目为青海省“十四五”抽水蓄能核准计划项目中装机规模最大的抽水蓄能电站，目前正在开展勘探工作及预可行性研究报告编制工作。

3.3 前期管理

加快推进抽水蓄能项目健康有序发展

2022 年 6 月，青海省发展改革委研究拟订了《青海省抽水蓄能项目管理办法（征求意见稿）》，并通过互联网征求社会意见。该办法从总体规划、资源调查、规划调整、实施方案、核准计划、项目配置、项目核准等多个方面对省内抽水蓄能项目进行管理，明确了省内抽蓄项目设计、核准、开工、接入、运营、调度等方面的管理办法，进一步加快推进青海省抽水蓄能又好又快高质量发展。

3.4 投资建设

在建常规水电站按计划有序推进建设

截至 2022 年底，青海省建成拉西瓦水电扩机项目，在建水电站有玛尔挡水电站、羊曲水电站以及李家峡水电站扩机项目，前期推进茨哈峡水电站，工程投资进展情况如下：

（1）玛尔挡水电站。2016 年 6 月，国家发展改革委核准新建玛尔挡水电站，装机规模 220 万 kW。截至 2022 年底，玛尔挡水电站大坝填筑至 3251m 高程（完成 85.5%），完成临时生态放水洞边顶拱衬砌 172m（完成 16.2%），工程形象进度满足 2024 年投运目标，年内新增投资 37.50 亿元，累计完成投资 137.03 亿元。

（2）羊曲水电站。2021 年 11 月，国家发展改革委核准继续建设羊曲水电站，装机规模 120 万 kW。截至 2022 年底，羊曲水电站坝体填筑至 2607m 高程（完成 47%），堆石坝填筑至 2610m 高程（完成 13%），工程形象进度满足 2024 年投运目标，年内新增投资 13.78 亿元，累计完成投资 106.95 亿元。

（3）拉西瓦水电站扩机项目。拉西瓦水电站于 2003 年 11 月开工建设，2005 年 12 月，国家发展改革委核准批复拉西瓦水电站项目，装机规模 420 万 kW，居全国第十，2010 年 8 月首批 5 台机组投产发电。2021 年 12 月 28 日，拉西瓦水电站扩机（4 号机组，70 万 kW）工程通过 72h 试运行正式并网发电，标志着黄河流域装机规模最大的水电站实现全容量投产，年内新增投资 6464 万元，累计完成投资 3.34 亿元。

（4）李家峡水电站扩机项目。李家峡水电站于 1988 年 4 月正式开工，1 号、2 号机组分别于 1997 年 2 月、12 月正式并网发电，3 号机组于 1998 年 6 月正式并网发电，4 号机组于 1999 年 11 月投产发电。2020 年 8 月，青海省发展改革委批复李家峡水电站 5 号机组扩机工程，装机容量 40 万 kW，项目于 2022 年 3 月正式开工。截至 2022 年底，李家峡扩机项目已完成 5 号机组蜗壳安装，定子下线完成 35%，混凝土浇筑至 2048.9m 高程（完成 55%），满足 2023 年投运目标，年内新增投资 5939 万元，累计完成投资 1.08 亿元。

（5）茨哈峡水电站。茨哈峡水电站于 2022 年被列为全国五个稳经济重大水电项目之一，正在开展黄河流域综合规划纳规和环评符合性论证等相关工作。争取“十四五”期间完成项目前期勘测设计工作，于 2025 年底前取得项目核准相关支撑性文件，具备开工条件。

3 个抽水蓄能项目核准投资达 500 亿元

截至 2022 年底，青海省已有 3 个抽水蓄能项目核准投资建设，项目总投资 500 亿元。其中，哇让抽水蓄能电站项目总投资 159.38 亿元，同德抽水蓄能电站项目总投资 170.34 亿元，南山口抽水蓄能电站项目总投资 170.94 亿元。

3.5 运行监测

常规水电装机规模显著增长

随着拉西瓦扩机项目投产，青海省水电装机容量增长至 1261 万 kW，占全部电力装机容量的 28.2%（见图 3.3）。

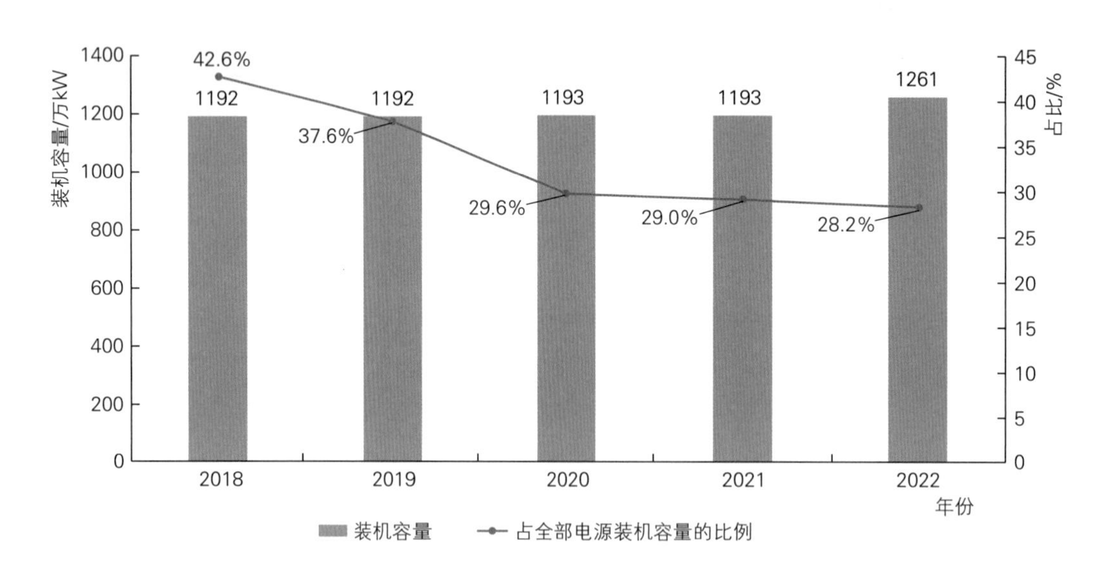

图 3.3 2018—2022 年青海省常规水电装机容量变化对比

常规水电年发电量同比降低 15.4%

2022 年，青海省常规水电年发电量 427 亿 kW · h，约占全省总发电量的 43.0%，依然是省内第一大发电量主体。受黄河来水偏枯影响，2022 年青海省常规水电发电量同比降低 15.4%（见图 3.4），连续两年降幅超过 15%。

水电利用小时数持续降低

2022 年，青海省常规水电平均利用小时数 3386h，较 2021 年减少 847h。青海省水电利用小时数已持续两年降低。

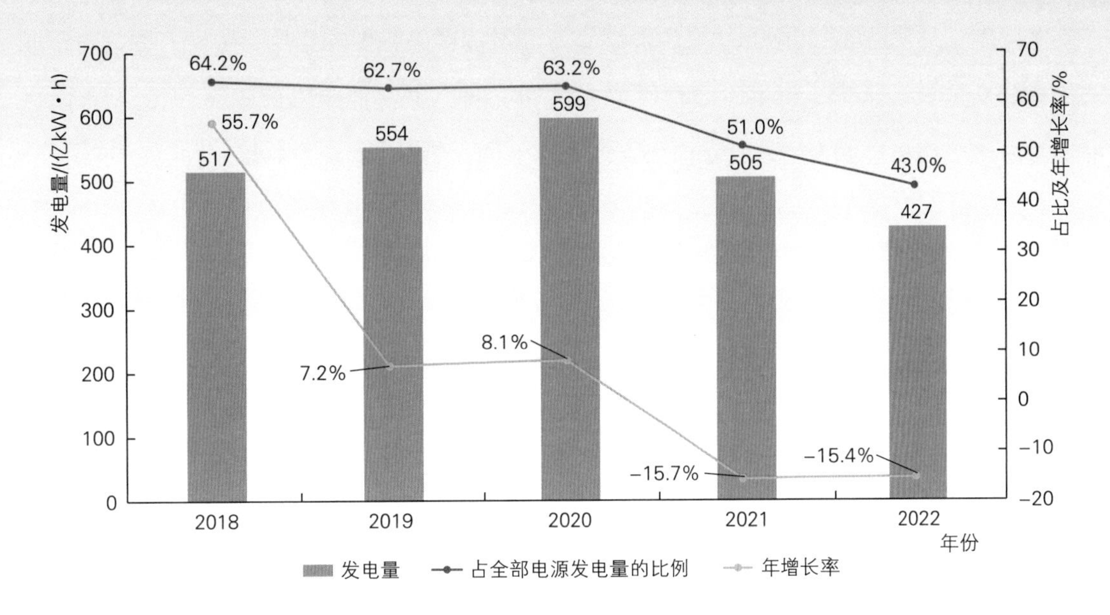

图 3.4　2018—2022 年青海省常规水电发电量、占比及年增长率变化

3.6　技术进步

我国水电工程技术水平持续领先，智能化趋势明显

2022 年，我国水电装机容量、年发电量稳居全球首位，水电工程技术处于世界先进水平，已形成规划、设计、施工、装备制造、运行维护全产业链整合能力。尤其在大坝建设过程中，国内部分水电站已通过智能技术形成一套完整的实时监测、后台规划、可视仿真、无人驾驶、实时监控、及时修正、自动反馈的智能大坝系统平台，可推广应用于青海省水电项目建设中。

水电定位发生改变，未来将更多发挥调峰、储能作用

我国常规水电装机容量占比大，常规水电由传统的“电量供应为主”逐步向“电量供应与灵活调节并重”过渡。水电作为青海省乃至西北电网关键调峰支撑电源，未来将更多发挥调峰、储能的关键作用。一方面，根据新能源日内出力特性，水电可进行日内调峰运行以提升新能源消纳程度，对于调节性能优越的水电站，可实现年内互补运行，并且随着新能源大规模并网，青海电力系统更依赖水电发挥灵活调节、电力保障功能，水电将在

“既保电量、又保容量”、服务新能源消纳等方面发挥至关重要的作用；另一方面，对于调节库容较大的梯级水电，可进一步结合原有建设条件，进行抽水蓄能电站建设，“水风光储”多品类电源协同调度运行，实现清洁能源大发展，助力“双碳”目标实现。

受市场利好影响，国内抽水蓄能产业链技术全面提升

抽水蓄能方面，数字孪生与智能建造水平将持续提高并广泛应用，设计施工一体化协同技术和管理系统将不断改进。“少人化、机械化、智能化、标准化”的发展趋势将愈加明显。装备制造继续朝着高水头、大容量、高可靠性、可变速机组等方向快速发展。未来，青海省抽水蓄能电站的建设也将得益于抽水蓄能全产业链技术水平的进步。

3.7 发展趋势和特点

常规水电增长趋势明显

近年来，青海省黄河上游水电开发潜力挖掘工作持续推进，除拉西瓦水电扩机项目外，“十四五”期间将投产玛尔挡水电站、羊曲水电站、李家峡水电扩机项目，新增投产规模 380 万 kW，总装机预计达到 1643 万 kW；除此之外，结合新能源大发展形势下水电开发新格局，黄河上游龙羊峡以上河段规划有茨哈峡、尔多、宁木特等水电站亟待开发，青海省常规水电发展未来可期。

常规水电发电量连年降低

受黄河上游来水偏丰影响，2020 年青海省常规水电年发电量接近 600 亿 kW · h，随后两年水电年发电量指标持续走低，相较 2020 年，2021 年、2022 年两年水电年发电量分别减少 78 亿 kW · h、172 亿 kW · h，降幅均超过 15%。

依托黄河上游梯级电站建设大型储能项目

青海省梯级水电资源丰富，具备开发建设大型储能项目的条件。除已核准的哇让、同德抽水蓄能项目外，玛沁、龙羊峡储能（一期）、共和抽水蓄能同为“十四五”重点实施项

目，均依托已建、在建水电梯级建设抽水蓄能电站或大型梯级储能项目。项目建成后，将进一步发挥水电调节能力，协同抽水蓄能储能、调峰功能，提升新能源消纳，助力国家清洁能源产业高地建设。

抽水蓄能高质量发展格局基本形成

2022年，青海省共核准3个抽水蓄能电站项目，总装机容量760万kW，居西北五省第一。同时，青海省高度重视抽水蓄能高质量发展，研究制定《青海省抽水蓄能项目管理办法》，填补了青海省抽水蓄能行业管理空白，进一步推动青海省抽水蓄能健康有序发展，为各项目建设的安全、质量、进度和投资效益提供了重要支撑。

3.8 发展建议

全面推进黄河上游龙羊峡以上河段水能资源开发利用，助力国家清洁能源产业高地建设

青海省水能资源丰富，且主要集中于黄河流域。目前水电开发稳步向好，但仍有余量，黄河上游龙羊峡及以下河段水能资源已基本得到利用，龙羊峡以上河段除已建、在建梯级水电站外，茨哈峡、尔多、宁木特水电站仍亟待开发，项目开发将对青海省整体水能资源梯级利用及合理调蓄起到关键作用；并且依托规划水电储备有大型储能项目开发潜力，未来“水电＋抽水蓄能”清洁能源调控枢纽将对周边新能源资源开发利用起到关键调节作用，形成“水风光储”开发合力，围绕高比例新能源发展趋势下新型电力系统灵活性的提升，加速推进我省清洁能源产业高地建设，助力国家“双碳”目标实现。鉴于茨哈峡水电站装机规模大、调节能力强、作用效益明显，建议加快推进相关前期工作，争取“十四五”末具备核准条件。

依托海南藏族自治州常规水电灵活调节能力，充分挖掘水电调节潜力，建设清洁能源一体化综合开发基地

青海省“丰水、富光、风好”，清洁能源资源丰富，建议依托海南州常规水电灵活调节

能力，进一步挖掘存量水电容量效益，因地制宜建设大型储能项目，在合理范围内配套建设一定规模的以风电和光伏为主的新能源发电项目，建设以“水风光储”为主的清洁能源一体化综合开发基地，实现一体化资源配置、规划建设、调度运行和消纳，以提高清洁能源综合开发经济性和通道利用率，推动外送廊道实现新能源消纳，实现水电（抽水蓄能）、新能源及输电通道“1+1+1>3”的综合效益最大化，提升水风光开发规模、竞争力和发展质量，加快清洁能源大规模高比例发展进程。

开发建设抽水蓄能电站，促进海西蒙古族藏族自治州柴达木沙漠地区新能源开发消纳，保障电力系统安全稳定运行

海西蒙古族藏族自治州新能源、土地及抽水蓄能资源开发条件优越，建议加快新一轮抽水蓄能选点规划研究，结合抽水蓄能灵活调节和容量支撑作用，开展以抽水蓄能为调节电源的外送基地方案研究，服务青海电力系统及清洁能源基地外送，促进新能源开发消纳，保障电力系统安全稳定运行。

加速推进联合调度优化、一体化运营相关研究，焕发水电开发建设新活力

立足目前清洁能源高比例开发建设局面，未来青海省将形成超高比例清洁能源为主体的大型外送基地聚合体，大规模新能源并网后的电网安全稳定问题、多品类电源一体化运营及周边电力基础设施建设问题等均需得到足够的关注。未来依托常规水电、抽水蓄能等清洁能源配套关键调节电源实现清洁能源大规模开发，一体化运营必将成为助力国家清洁能源产业高地建设的关键抓手，建议进一步加大相关关键问题科研攻关投入力度，以多品类电源联合运行复杂工况为研究重点，对调度运行、价格机制、配套建设等重大问题深入研究，加强关键问题科研成果产出，推进水电更好更快发展，焕发水电开发建设新活力。

4

太阳能发电

4.1 资源概况

太阳能资源丰富，地域分布呈现西北高、东南低的特点

青海省太阳能资源十分丰富，太阳能年水平面总辐照量为 5300～7400MJ/m^2，年日照时数为 1900～3600h，是全国高值地区之一，年总辐射量居全国第 2 位，太阳能技术可开发量达 35 亿 kW。青海省年水平面总辐照值由西北向东南逐渐递减，年水平面总辐照高值区位于海西州西北部，主要分布在茫崖、大柴旦、格尔木北部和德令哈西部等地区，太阳能年水平面总辐照量在 6300MJ/m^2 以上，年日照时数在 2750h 以上。资源相对低值区为互助县、平安区、化隆县、湟中区等地区，太阳能年水平面总辐照量在 5400MJ/m^2 以下，年日照时数在 2400h 左右。根据我国太阳能资源等级划分标准，青海省西北部年水平面总辐照量超过 6300MJ/m^2，太阳能资源属于“最丰富”等级，其余大部分地区年水平面总辐照量为 5300～6300MJ/m^2，太阳能资源属于“很丰富”等级。

根据中国气象局风能太阳能中心发布的《2022 年中国风能太阳能资源年景公报》，2022 年全国平均年水平面总辐照量为 5628.2MJ/m^2，为近 30 年最高值，较近 30 年平均值偏大 163.1MJ/m^2，较近 10 年平均值偏大 194.4MJ/m^2，较 2021 年偏大 252MJ/m^2。2022 年全国平均年最佳斜面总辐照量为 6536.9MJ/m^2，较近 30 年平均值偏大 146.9MJ/m^2，较近 10 年平均值偏大 182.9MJ/m^2，较 2021 年偏大 241.6MJ/m^2；2022 年全国平均固定式光伏电站首年利用小时数为 1452.7h，较近 30 年平均值偏多 32.7h，较近 10 年平均值偏多 40.7h，较 2021 年偏多 53.7h。

2022 年青海省水平面总辐照量平均值为 6289.9MJ/m^2，仅次于西藏，居全国第 2 位；固定式光伏发电最佳斜面总辐照量平均值为 7319.2MJ/m^2，居全国第 1 位。整体而言，青海省太阳能资源十分丰富。

4.2 发展现状

装机规模持续增长

2022 年，青海省太阳能发电新增装机容量为 210 万 kW（见图 4.1），同比增长 12.9%，较 2021 年增长 11 个百分点，主要分布于海南藏族自治州和海西蒙古族藏族自治州。

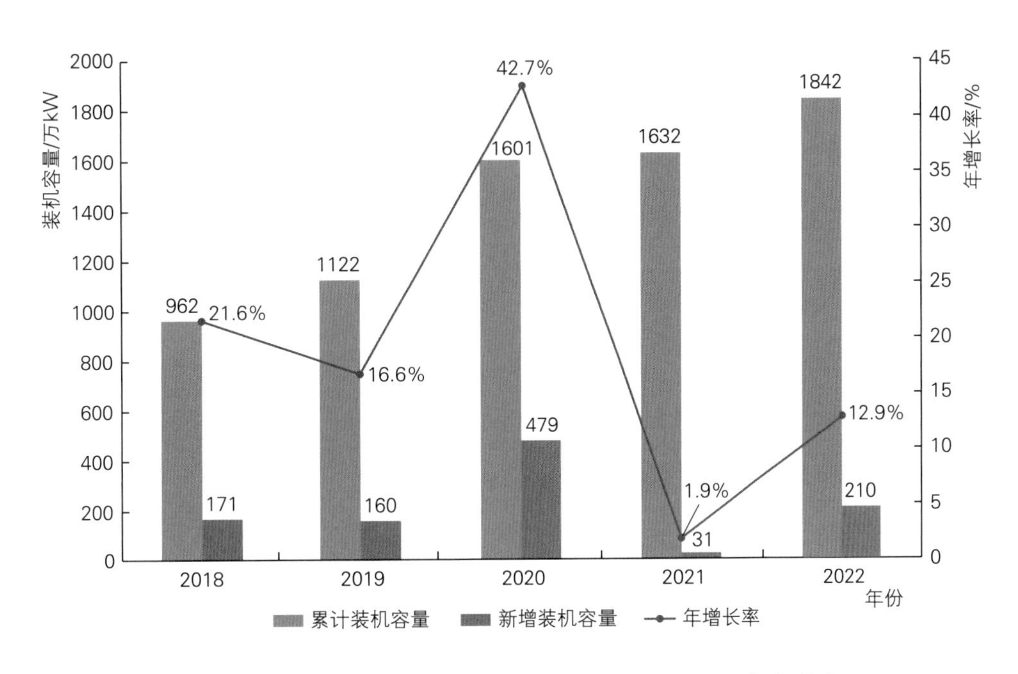

图 4.1　2018—2022 年青海省太阳能发电装机容量变化趋势

截至 2022 年底，青海省太阳能发电累计装机容量达 1842 万 kW，占全省总并网电源容量的 41.2%，较 2021 年增长 1.5 个百分点，是省内第一大电源。其中，光伏电站累计装机容量 1821 万 kW，较 2021 年增长 220 万 kW；光热电站累计装机容量 21 万 kW，与 2021 年持平。太阳能发电累计总装机容量居全国第 7 位，集中式光伏装机容量居全国第 2 位，两项指标较 2021 年均下降 1 位。

分市（州）看（见图 4.2），青海省太阳能发电累计装机容量由多到少依次为海南藏族自治州、海西蒙古族藏族自治州、海东市、海北藏族自治州、西宁市、黄南藏族自治州、果洛藏族自治州、玉树藏族自治州。太阳能装机项目主要集中在海南藏族自治州和海西

蒙古族藏族自治州，2022 年底累计装机容量分别为 983 万 kW 和 717 万 kW，分别占全省太阳能装机总容量的 53.3% 和 38.9%。从新增装机来看，海南藏族自治州新增 90 万 kW，海西蒙古族藏族自治州新增 106 万 kW，海北藏族自治州新增 5 万 kW，果洛藏族自治州新增 9 万 kW，新增装机主要集中于海南藏族自治州和海西蒙古族藏族自治州。

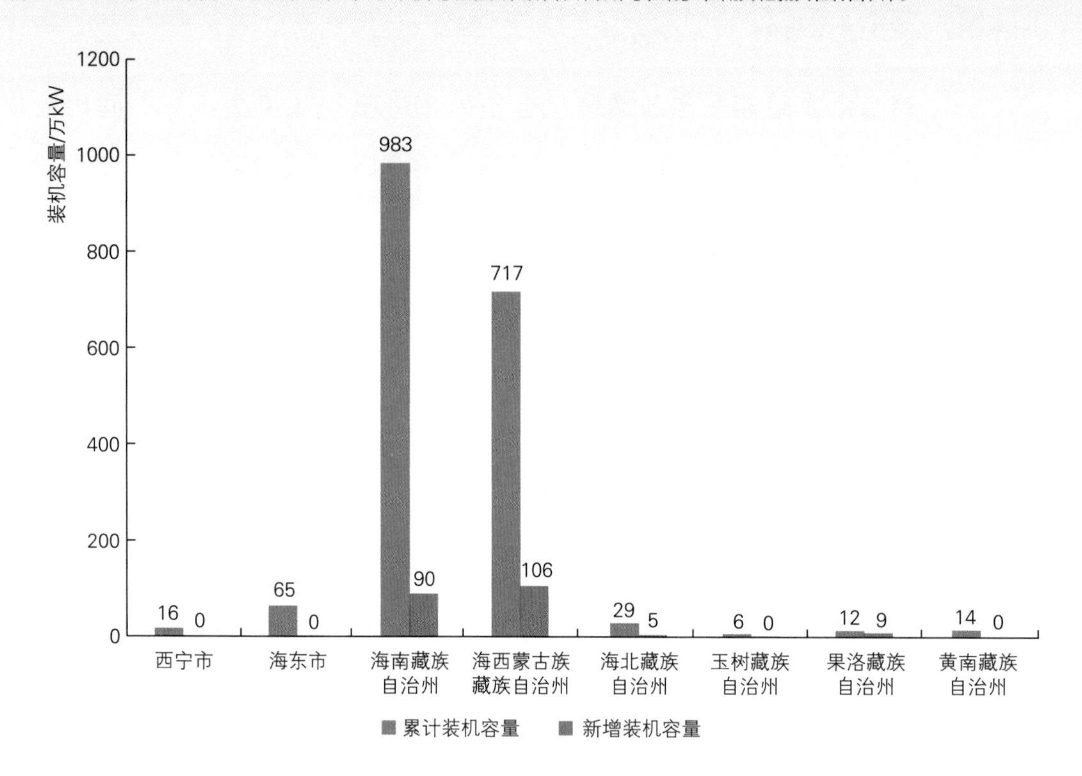

图 4.2　2022 年青海省各市(州)太阳能发电装机容量

开发企业以中央企业为主，截至 2022 年底，在青海省累计装机容量排名前 5 位的企业分别是国家电力投资集团有限公司、国家能源投资集团有限责任公司、中国华能集团有限公司、中国长江三峡集团有限公司、中国华电集团有限公司，其太阳能发电累计装机总容量达到 1224 万 kW（见图 4.3），占青海省累计装机容量 66% 以上。从新增太阳能装机容量看，国家能源投资集团有限责任公司新增太阳能装机最多，达 101 万 kW，其次是国家电力投资集团有限公司和中国华电集团有限公司，分别为 53 万 kW 和 50 万 kW。

发电量稳步增长

近年来，青海省太阳能年发电量及占全部电源总发电量比重稳步增长（见图 4.4）。2022 年青海省太阳能发电年发电量达到 256 亿 kW · h，同比增长 21.3%，占全部电源总发

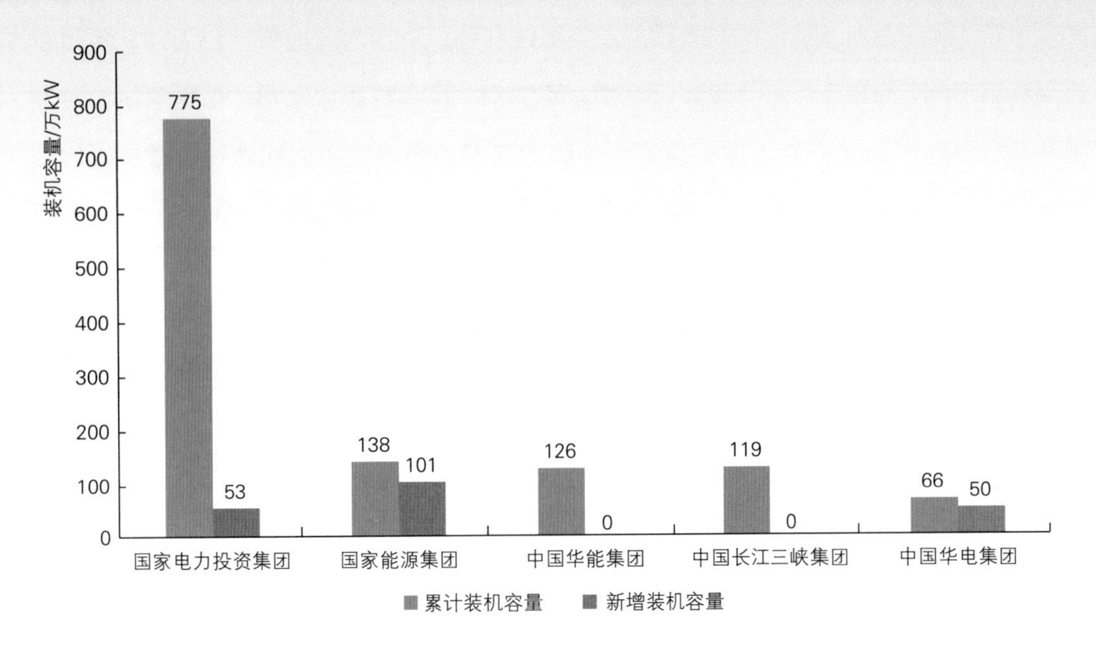

图 4.3 2022 年青海省太阳能发电累计装机容量排名前 5 位的开发企业

电量的 25.8%，较 2021 年增长 4.5 个百分点。其中，光伏发电年发电量 252 亿 kW · h，同比增长 21.1%，占全部电源总年发电量的 25.4%，较 2021 年提高 4.4 个百分点；光热发电年发电量 3.6 亿 kW · h，得益于光热项目技术提升和运行策略持续优化，同比增长 28.6%，占全部电源总年发电量的 0.4%，较 2021 年提高 0.1 个百分点。

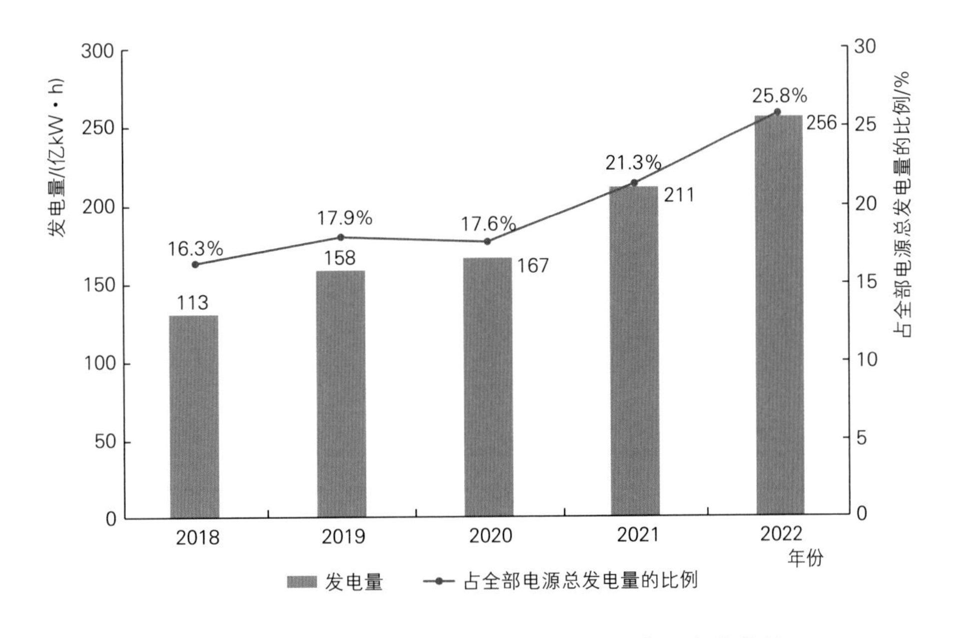

图 4.4 2018—2022 年青海省太阳能年发电量变化趋势

分市（州）看（见图 4.5），太阳能发电量由多到少依次为海南藏族自治州、海西蒙古族藏族自治州、海东市、海北藏族自治州、西宁市、黄南藏族自治州、玉树藏族自治州、果洛藏族自治州。太阳能发电量主要集中在海南藏族自治州和海西蒙古族藏族自治州，两州发电量分别为 144 亿 kW · h 和 92 亿 kW · h，分别占全省太阳能总发电量的 56.7% 和 36.1%。

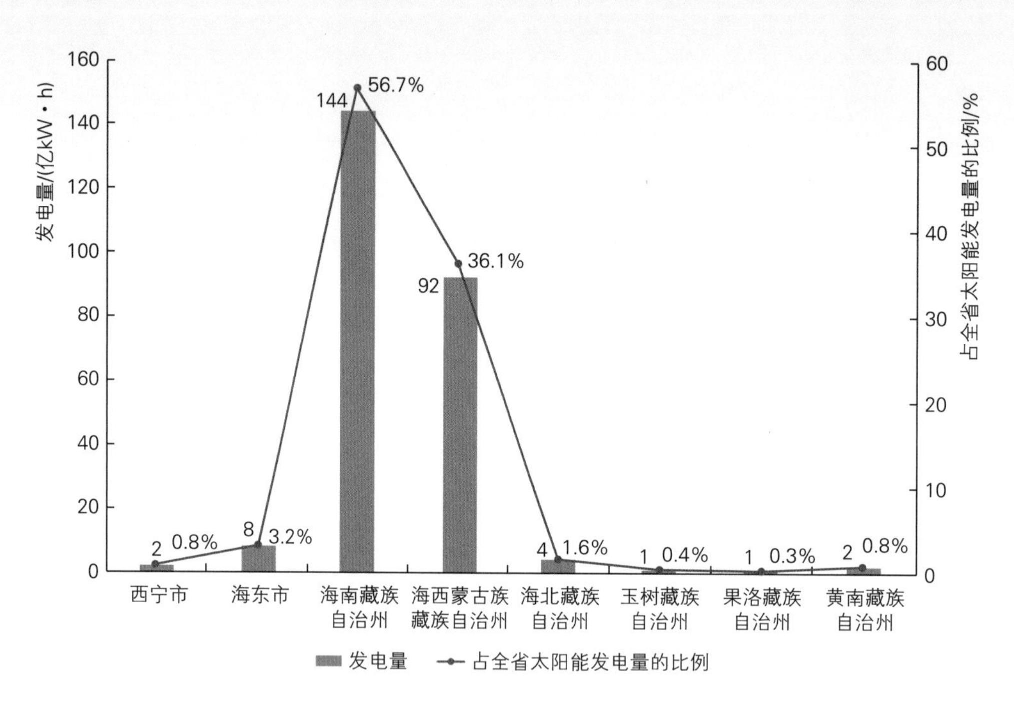

图 4.5 2022 年青海省各市(州)太阳能发电量及占比

4.3 前期管理

新能源市场化并网项目管理进一步加强

2022 年 4 月，青海省能源局印发《关于进一步加强新能源市场化并网项目管理的通知》（青能新能〔2022〕63 号），从强化规模管理、规范项目流程、加强电网接入、全面核查项目等四个方面对市场化项目进行管理。明确每年年初测算确定各市（州）当年市场化项目发展规模、结构及配套消纳条件，各市（州）须建立市场化项目库，对符合要求的项目统筹纳入《全省新能源开发建设年度实施方案》。

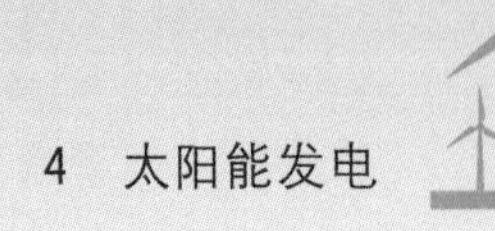

加快落实全国统一电力市场体系建设

2022 年 8 月，青海省发展改革委和青海省能源局印发《青海省关于落实加快建设全国统一电力市场体系指导意见的实施方案》(青发改能源〔2022〕634 号)，从总体目标、工作原则、重点任务、组织实施等方面对建设落实全国统一电力市场体系提出要求。明确健全统一电力市场体系、完善统一电力市场体系功能、健全统一电力市场体系的交易机制、构建适应新型电力系统的市场机制、加强电力统筹规划和科学监管五项重点任务。提出到 2025 年，全国统一电力市场体系初步建成，青海省级市场与国家市场协同运行。到 2030 年，全国统一电力市场体系基本建成，青海省级市场与国家市场联合运行，新能源全面参与市场交易。

可再生能源电力消纳稳步推进

2022 年 9 月，青海省能源局印发《青海省 2022 年可再生能源电力消纳保障实施方案》，从工作目标、消纳保障实施机制、市场主体消纳责任权重分配、市场主体管理机制、消纳责任权重履行、任务分工等方面对可再生能源电力消纳保障提出要求。明确第一类市场主体(售电企业)、第二类市场主体(电力用户)承担与其年用电量相对应的消纳责任权重，可再生能源电力总量最低消纳责任权重为 70.0%，非水电可再生能源电力最低消纳责任权重为 26.0%。

国家清洁能源产业高地建设加快推进

2022 年 9 月，青海省人民政府办公厅印发《关于印发〈青海打造国家清洁能源产业高地 2022 年工作要点〉的通知》(青政办函〔2022〕153 号)，从清洁能源开发行动、新型电力系统构建行动、清洁能源替代行动、储能多元打造行动、产业升级推动行动、发展机制建设行动 6 类 63 个项目细化落实《青海打造国家清洁能源产业高地行动方案(2021—2030 年)》部署要求，明确年度建设目标，加快推进国家清洁能源产业高地建设。

高质量推进全省新能源项目开发建设

2022 年 10 月，青海省能源局印发《2022 年青海省新能源开发建设方案》(青能新能〔2022〕162 号)，安排 2022 年开工新能源项目共 5 类、38 个，规模合计 1455.8 万 kW，包含国家第二批大型风电光伏基地项目 700 万 kW，清洁取暖配套新能源项目 100 万 kW，“揭榜挂帅”新型储能示范项目配套新能源项目 427 万 kW，增量混改新能源项目 40 万 kW，普通市场化并网项目 188.8 万 kW。

海南州戈壁基地获国家发展改革委、国家能源局复函同意

2022 年 11 月，青海省海南戈壁基地实施方案获国家发展改革委、国家能源局复函同意，依托水电扩容、新型储能、光热发电等支撑性电源，配套新能源总体建设规模为 1560 万 kW，新能源装机规模居同批次 4 个基地之首、达全省能源历史最大。

电力源网荷储一体化项目有序推进

2022 年 11 月，青海省能源局印发《青海省电力源网荷储一体化项目管理办法（试行）》（青能新能〔2022〕177 号），从电源、并网、负荷、储能、运行、纳规程序、核准备案程序、验收监管、变更程序等方面对源网荷储一体化项目提出要求。明确一体化项目应接入同一公网输电并网点，并在一个 750kV 变电站下运行，源、荷接入不同并网点时，地理距离不得超过 200km；负荷项目必须为新增负荷，且每年消纳电量不低于 4 亿 kW · h；项目整体可按照用电侧负荷的 20%、2h 配套调节能力。

4.4 投资建设

总投资规模快速增长

2022 年青海省太阳能发电完成总投资规模约 254.7 亿元，其中光伏完成投资 248.8 亿元，光热完成投资 5.85 亿元。太阳能发电完成投资占清洁能源投资的 75.3%，占能源领域投资的 51.7%，位居各品类能源投资之首。受第一批大基地项目全面开工建设影响，投资完成规模较 2022 年计划投资增加 28.0 亿元，较 2021 年实际投资增长约 66.2 亿元，增幅达 35.1%。

投资以大型央企为主

分企业来看（见图 4.6），投资仍以电力央企为主，太阳能发电投资由大到小依次为国

家电力投资集团有限公司、国家能源投资集团有限责任公司、中国长江三峡集团有限公司、中国华能集团有限公司、中国华电集团有限公司，占全省太阳能发电投资比例分别为27.0%、23.6%、12.6%、6.3%、5.7%，合计总投资占比达75.2%。

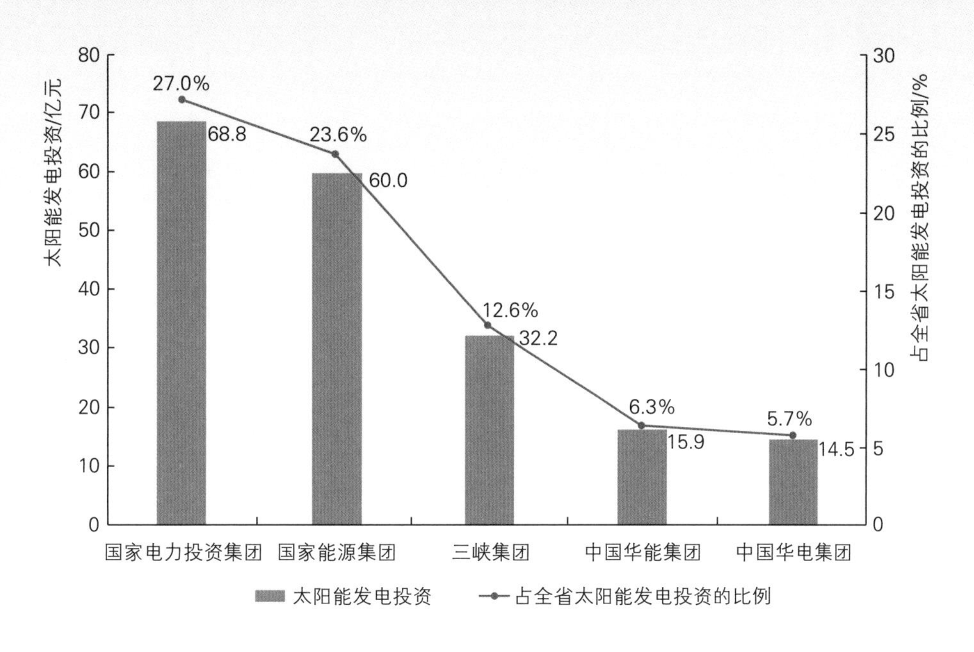

图4.6　2022年青海省太阳能发电投资排名前5位的开发企业

发电成本受硅料影响出现上涨

我国地面光伏系统的初始全投资主要由组件、逆变器、支架、电缆、一次设备、二次设备等关键设备成本，以及土地、电网接入、建安、管理费用等部分构成。其中，组件、逆变器等关键设备成本随着技术进步和规模化效益，仍有一定下降空间。

2022年，我国地面光伏系统的初始全投资成本为4.13元/W左右，其中组件约占投资成本的47.1%，较2021年上升1.1个百分点。非技术成本（接网、土地、项目前期开发费用等）约占13.56%（不包含融资成本），较2021年下降了0.54个百分点。预计2023年，随着产业链各环节新建产能的逐步释放，组件效率稳步提升，整体系统造价将显著降低，光伏系统初始全投资成本可下降至3.79元/W。

受光伏上游硅料大幅涨价及新冠肺炎疫情双重影响，青海省2022年光伏电站单位千瓦造价有所上涨，单位千瓦平均造价约3970元（见图4.7），同比上涨约6.0%。主要表现为组件上涨150元/kW，涨幅8%；逆变器上涨20元/kW，涨幅13%；建筑安装费用上涨50元/kW，涨幅12%，其余造价与2021年基本持平。从投资构成（见图4.8）看，组件单

位千瓦造价约为 1950 元，占比 49. 1%，是最主要的构成部分。 光伏电站非技术成本（接网、土地、项目前期开发费用等）约占 11. 8%，主要得益于省内土地开发建设成本较低。

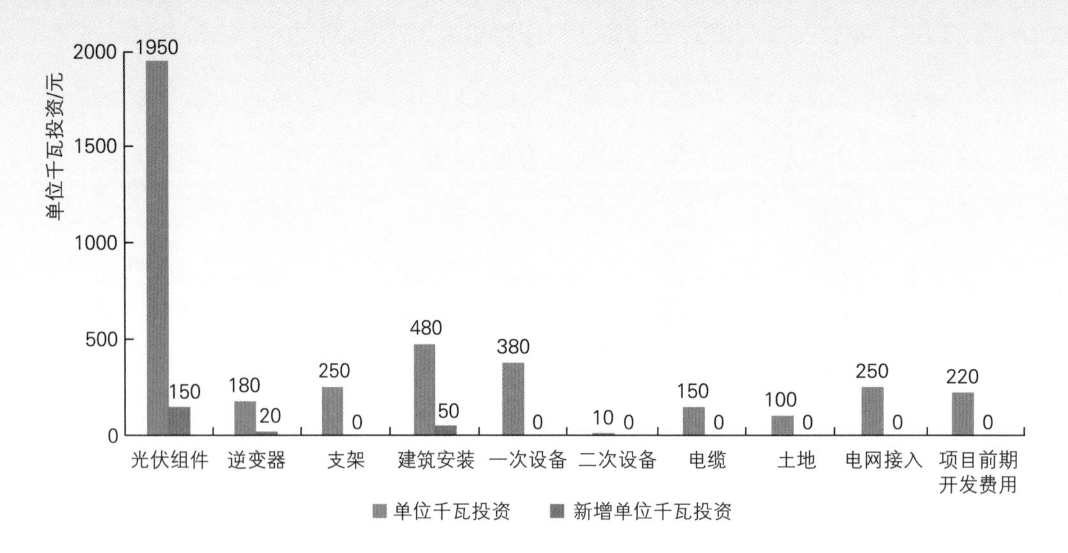

图 4. 7　2022 年青海省光伏发电项目单位千瓦建设投资

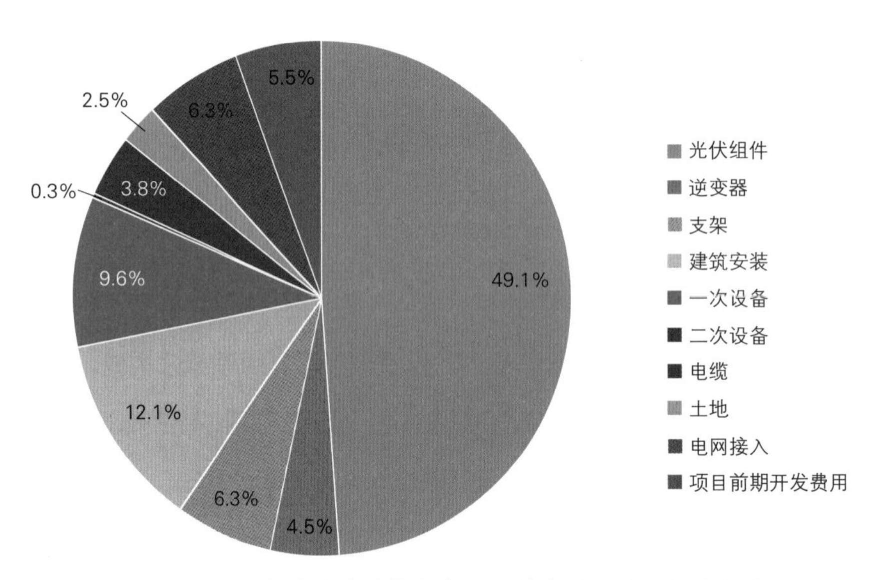

图 4. 8　2022 年青海省光伏发电项目单位千瓦建设投资构成

4. 5　运行消纳

年利用小时数近四年首次增加

由于 2021 年太阳能发电项目新增并网装机容量较小，西宁地区大工业负荷增长较快，

加之骨干电网建设不断增强，青海省太阳能发电年平均利用小时数近四年首次实现增加，2022 年青海省太阳能发电年利用小时数达 1497h，较 2021 年增加 190h，同比增长 14.5%（见图 4.9）。

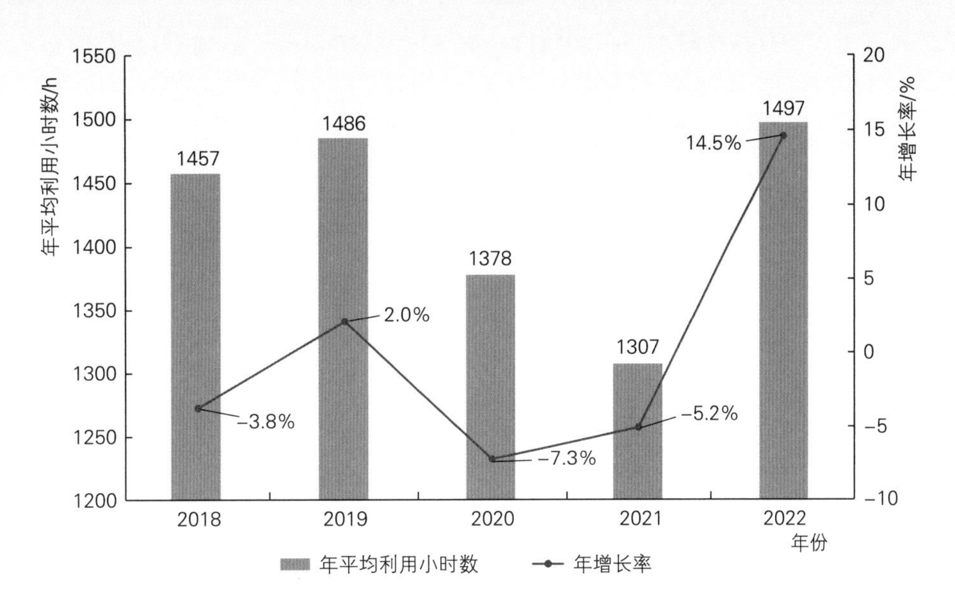

图 4.9　2018—2022 年青海省太阳能发电年平均利用小时数对比

分市（州）（见图 4.10）看，太阳能发电平均利用小时数由多到少依次为海北藏族自治州、海南藏族自治州、玉树藏族自治州、黄南藏族自治州、海西蒙古族藏族自治州、海东

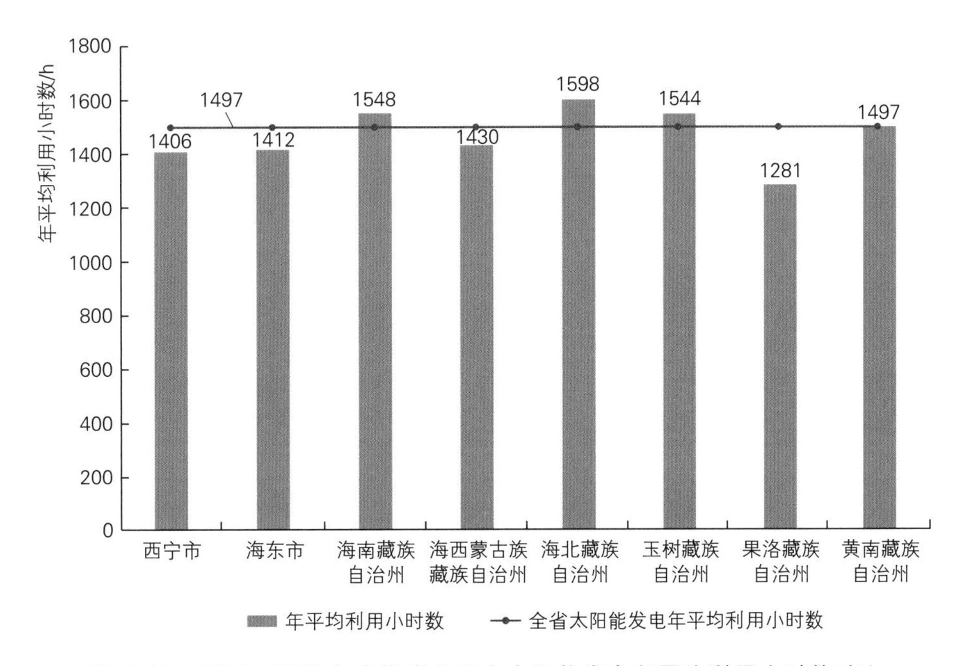

图 4.10　2018—2022 年青海省各州市太阳能发电年平均利用小时数对比

市、西宁市、果洛藏族自治州，其中高于全省平均值的市（州）为海北藏族自治州、海南藏族自治州、玉树藏族自治州、黄南藏族自治州，其余市（州）均低于全省平均值。特别是作为太阳能发电装机容量第二大的海西蒙古族藏族自治州平均利用小时数为 1430h，低于平均值 4.7%，果洛藏族自治州平均利用小时数为 1281h，低于全省平均值 16.7%，应予以关注。

电力消纳有所好转

青海省弃光电量近五年间首次实现降低，2022 年达 24.7 亿 kW · h，较 2021 年减少了 8.7 亿 kW · h，同比减少 35.2%；全年光伏发电利用率为 91%，较 2021 年增加 5 个百分点，光伏发电消纳形势有所好转（见图 4.11）。

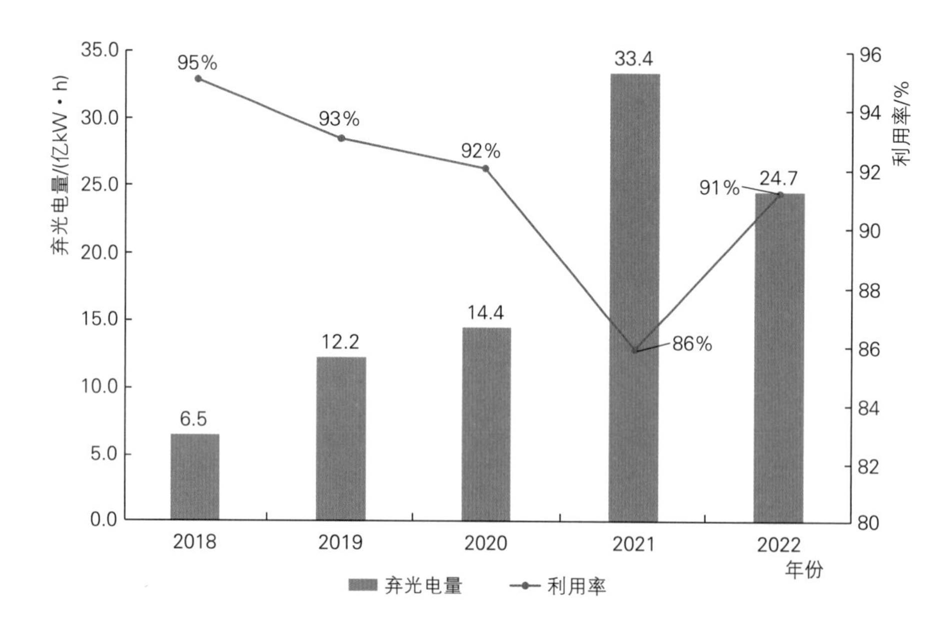

图 4.11　2018—2022 年青海省弃光电量和光伏发电利用率变化趋势

4.6　光伏产业

在青海省光伏、锂电“两个千亿”产业集群目标指引下，在政策红利和市场需求双重作用加持下，青海省清洁能源产业发展的空间和潜力不断释放，目前已形成“以硅为主、多元发展、集中布局”的新能源制造业发展格局，从“追光逐日”逐渐向“追光逐链”发展，高质量打造清洁能源产业高地。

以“链长制+包保制”助力光伏产能快速扩张

依托“链长制+包保制”，为企业提供全方位保障，确保龙头企业招得来、落得下、稳得住。多晶硅方面，主要包含丽豪半导体材料有限公司实现新增投产5万t多晶硅，青海亚洲硅业硅材料有限公司实现新增投产4万t多晶硅、青海亚洲硅业半导体有限公司实现新增投产3万t多晶硅。单晶硅方面，青海晶科能源有限公司实现新增投产20GW单晶硅拉棒、西宁阿特斯光伏科技有限公司实现新增投产10GW单晶硅拉棒等。

光伏制造产业格局基本形成

青海省已构建起“金属硅－多（单）晶硅－切片－太阳能电池－电池组件”完整的光伏制造产业链，建成多晶硅产能14.53万t，单晶硅产能83GW，晶硅切片产能850MW，晶硅组件产能880MW。重点企业主要包括青海黄河上游水电开发有限公司西宁太阳能电力分公司、亚洲硅业（青海）股份有限公司、西宁阿特斯光伏科技有限公司、青海晶科能源有限公司、丽豪半导体材料有限公司等。

光伏科技创新实践稳步推进

围绕产业发展方向和科技前沿，青海省重点突破高效晶硅、电池片及光伏组件等一批制约产业发展的关键技术，主要包含黄河水电西宁太阳能电力有限公司基于量子隧穿效应的钝化技术与IBC技术结合，电池研发转换效率达到25.06%，基于IBC电池开发的高效IBC白组件和全黑组件效率均超过22.0%，效率处于国内领先水平。亚洲硅业（青海）股份有限公司成为全国首个国产冷氢化流化床反应器材料国产化项目，产品全部满足N型电池用高纯多晶硅料要求；青海晶科能源有限公司实现当年签约、当年投产、当年达产，自开工到点火有效用时70天，速度创行业第一。

4.7 发展趋势及特点

太阳能发电装机和占比再创新高

青海省太阳能资源丰富，土地条件好，太阳能发电装机和占比均创历史新高，连续三年成为青海省第一大电源。太阳能发电装机容量快速增长，由 2018 年的 962 万 kW 增长至 2022 年的 1842 万 kW，近五年增长近一倍，年均增长率为 17.6%。装机占比由 2018 年的 34.4%增长至 2022 年的 41.2%，五年间增加 6.8 个百分点。

太阳能发电量和占比稳步增长

随着太阳能装机容量的增长，青海省太阳能全年发电量由 2018 年的 131 亿 kW · h 增长至 2022 年的 256 亿 kW · h，五年间翻了近一番，年均增长率为 18.2%。发电量占比由 2018 年的 16.3%增长至 2022 年的 25.8%，五年间增加 9.5 个百分点，连续五年成为青海省第二大发电量主体。

光热发电量及利用率逐步提高

随着光热电站设备改造技术提升和运行方式持续优化，2022 年青海省光热电站全年发电量达 3.6 亿 kW · h，年平均利用小时数达 1726h，较 2021 年分别增加 0.9 亿 kW · h 和 408h，光热电站发电量和利用率均逐步提高。

全省消纳形势有所好转，但依然有待提高，各市（州）消纳不均衡

2022 年青海省太阳能发电年平均利用小时数实现近四年首次增加，达到 1497h；太阳能发电利用率近五年实现首次增加，达到 91.1%，全省太阳能发电消纳形势有所好转。从全国范围看，青海省弃光仍较为严重，消纳利用率有待提高。各市（州）太阳能发电平均利用小时数不均衡，最大差值达 317h，特别是装机规模较大的海西蒙古族藏族自治州太阳能年平均利用小时数为 1430h，低于平均值 4.7%，应重点关注。

光伏产业高度集中，产能不断扩展

在“双碳”目标的带动下，青海省紧贴光伏产业应用统筹开展协同创新，光伏产业制造端更趋完善。青海省光伏产业主要集中在产业链上游，2022 年青海省光伏产业新增投产以多晶硅和单晶硅为主，分别达 30GW 和 12t，产能不断扩展。多晶硅企业主要为亚洲硅业和丽豪半导体等公司，单晶硅企业主要为天合光能、晶科能源、阿特斯、高景等公司，电池片及组件企业主要为黄河水电西宁太阳能电力有限公司。龙头企业多分布于南

川、东川和甘河园区。

4.8 发展建议

积极推动源网荷储一体化开发模式，带动新能源产业发展

以《青海省电力源网荷储一体化项目管理办法（试行）》为导向，根据产业建设投资强度、配套负荷情况、带动集聚效应统筹配置光伏资源开发权，优先实施一批源网荷储一体化项目，解决资源配置碎片化问题。特别是在产业发展方面，积极引导绿色高载能行业适当向海西、海南资源富集区集中，做大做强本地产业，全面保障光伏产业“产、供、销、用”一体化发展，形成以负荷带动电源、创新链带动产业链的循环互促模式，不断将资源优势转化为产业发展优势。

积极推动光热电站开发，促进光热发电与其他能源融合发展

积极组织开展光热发电资源普查，兼顾资源条件、电力供需、生态保护、要素保障等因素，统筹安排光热发电项目布局，将项目用地布局及规模纳入国土空间规划“一张图”。进一步探索光热发电在电力系统中调峰、调频、储能的作用，支持高比例新能源基地配套建设光热发电站，推动风光热项目规模化上网，组织筹建国家光热产业示范园区。探索将青海省丰富的盐湖资源作为熔盐储能产业的发展优势，实现盐湖产业与光热发电站的融合发展。

鼓励技术创新，提升光伏产业高质量发展

依托能源央企组建技术平台，围绕支持青海光伏产业科技创新，重点研究光热发电、N型太阳能电池降本增效措施，加快推动钙钛矿电池等重大工程示范应用，探索“构网型”技术在青海地区新型电力系统中的适应性，加快退役光伏板回收利用产业化和循环经济产业示范研究工作，开展规模化回收试点推广应用。同时，以应用市场为牵引，以项目配套为抓手，积极引进龙头光伏装备制造企业来青发展，加大科技创新，推动产业融合发展。

建立市（州）消纳预警，规范有序发展

为有效推进青海省新能源规范有序开展，缓解各市（州）太阳能消纳水平不均问题，应合理引导企业投资，避免因消纳送出原因导致大规模弃电，开展全省各市（州）新能源消纳能力评估测算研究。以红、橙、黄、绿四种颜色标识，对各市（州）新能源消纳形势由劣到优进行逐级分类，形成全省以市（州）为单位的新能源消纳预警等级分类结果。

推进“光伏＋荒地治理”综合开发模式，助力国家清洁能源产业高地

立足青海省“三个最大”省情定位和“三个更加重要”战略地位，省级能源主管部门组织各市（州）以县（区）为单位，对所属区域的沙漠、戈壁、荒漠、荒山荒坡等未利用土地进行资源普查，开展新能源资源量评估，形成用地范围图。竞争配置一批以太阳能发电与沙漠、戈壁、荒漠化土地、盐碱地等生态修复治理相结合的太阳能发电基地，打造“光伏发电＋生态修复”绿色引领的新能源生态修复发展模式，持续推动能源建设和环境治理融合发展，助力高地建设。

科学谋划电力通道，进一步挖掘清洁能源消纳市场

青海省经济规模总量小，用电需求较小，本地消纳能力有限。同时，全省灵活性电源不足，电源结构矛盾日益突出。建议以海西柴达木沙漠基地为基础，加快对接经济发达省份，积极寻求电力受端市场，科学谋划特高压电力外送通道，特别是论证“新能源＋抽水蓄能＋柔性直流电网”送电方案的可行性，创新电网应用新技术，打造以新能源为主体的新型电力系统。

5

风力发电

5.1 资源概况

风能资源丰富，地域分布呈现西高东低的特点

青海省属于高原大陆性气候，大部分地区常年盛行偏西风，风能分布较为集中，是全国风能资源较为丰富的区域之一。全省大部分地区陆上 70m 高度年平均风速在 5.5m/s 以上，具备风电项目开发的资源条件。风能资源丰富区域主要分布在海西蒙古族藏族自治州西部及北部、玉树藏族自治州西部和海南藏族自治州西北部，平均风速在 6.5m/s 以上。其中玉树藏族自治州平均风速最高可达 10m/s，虽然风能资源较好，但全州多山地、重生态保护且海拔较高，开发难度较大。风能资源较丰富区域位于海西蒙古族藏族自治州中部、果洛藏族自治州西北部、玉树藏族自治州西部、海北藏族自治州西部和海南藏族自治州西部，平均风速在 5.5～7.0m/s 之间；海南藏族自治州东部、海北藏族自治州、玉树藏族自治州东南部和果洛藏族自治州东部等区域，平均风速在 3.0～5.0m/s 之间，暂不具备风力发电开发利用条件。

根据中国气象局发布的《全国风能资源详查及资源评价报告》，青海省陆上 70m 高度年均风功率密度不小于 200W/m^2 的风能资源技术开发量为 7500 万 kW，技术开发面积达 19480km^2。

根据中国气象局风能太阳能中心发布的《2022 年中国风能太阳能资源年景公报》，2022 年全国陆上 70m 高度年平均风速约 5.4m/s，年平均风功率密度约 193.1W/m^2，与近 10 年（2012—2021 年）相比，为正常略偏小年景。2022 年青海省陆上 70m 高度年平均风速约 5.7m/s，年平均风功率密度超过 197.2W/m^2，较接近 10 年平均值偏低，属于全国平均风速和平均风功率密度中等偏上的省份，如图 5.1 所示。

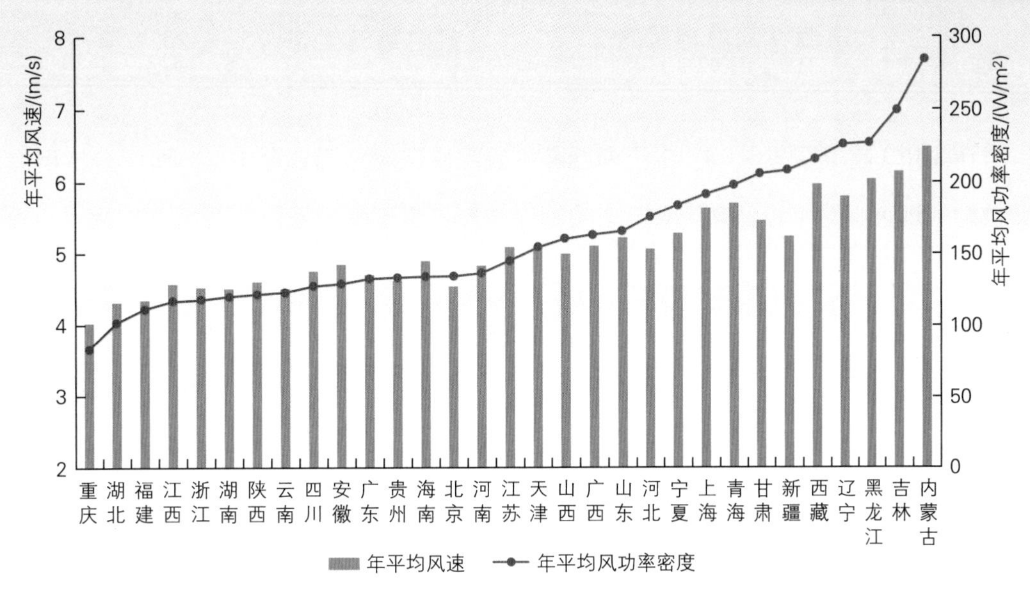

图 5.1　2022 年重点省份陆上 70m 高度年平均风速和年平均风功率密度

5.2　发展现状

平价上网时代装机容量平稳增长

2022 年，青海省风电新增装机容量 76 万 kW（见图 5.2），同比增加 8.5%，增幅较 2020 年降低较多，较 2021 年有所增加。截至 2022 年底，青海省风电累计装机容量 972

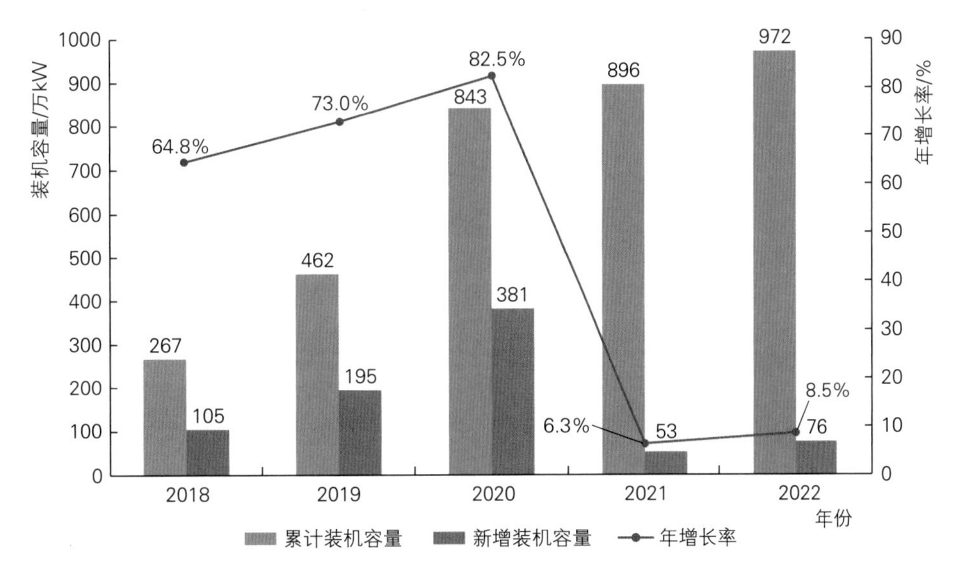

图 5.2　2018—2022 年青海省风电装机容量变化趋势

万 kW，约占全省电源并网总容量的 21.8%，是省内第三大电源，与 2021 年占比基本持平。

分市（州）看（见图 5.3），由于海西蒙古族藏族自治州西部至中部、海南藏族自治州共和盆地的地形相对平坦、电网网架结构相对成熟，属于青海省风电开发的主战场，海西蒙古族藏族自治州和海南藏族自治州风电累计并网装机容量分别占青海省风电总装机的 51.0%和 45.3%，均超过 400 万 kW，其中海西蒙古族藏族自治州风电累计装机容量 496 万 kW，位居全省首位。2022 年，海西蒙古族藏族自治州风电新增装机容量 22 万 kW，海南藏族自治州风电新增装机容量 29 万 kW，海北藏族自治州新增装机容量 16 万 kW，西宁市新增装机容量 3 万 kW，海东市新增装机容量 3 万 kW，黄南藏族自治州新增装机容量 3 万 kW，其余市（州）均没有新增装机。

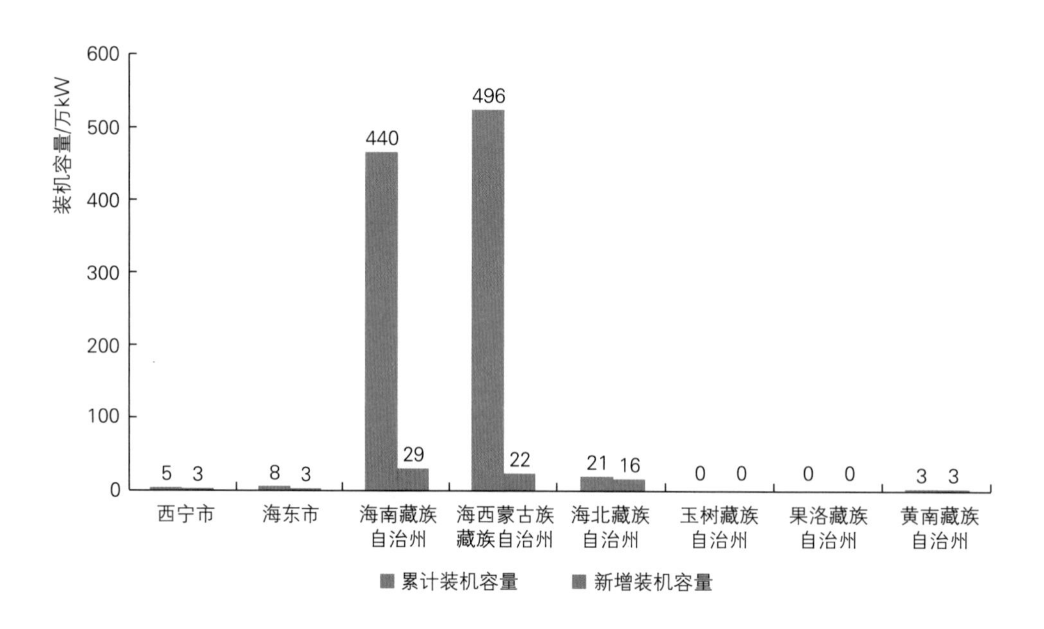

图 5.3　2022 年青海省各市(州)风电装机容量

青海省风电项目开发企业以大型央企为主，截至 2022 年底，青海省累计装机容量排名前 5 位的企业依次为国家电力投资集团有限公司、中国绿发投资集团有限公司、中国长江三峡集团有限公司、中国广核集团有限公司、中国大唐集团有限公司，风电累计装机总容量达到 594.1 万 kW（见图 5.4），累计装机容量占青海省累计装机容量的 61%。其中，国家电力投资集团有限公司累计装机容量达 374.5 万 kW，占全省装机总容量的比重为 38.5%。

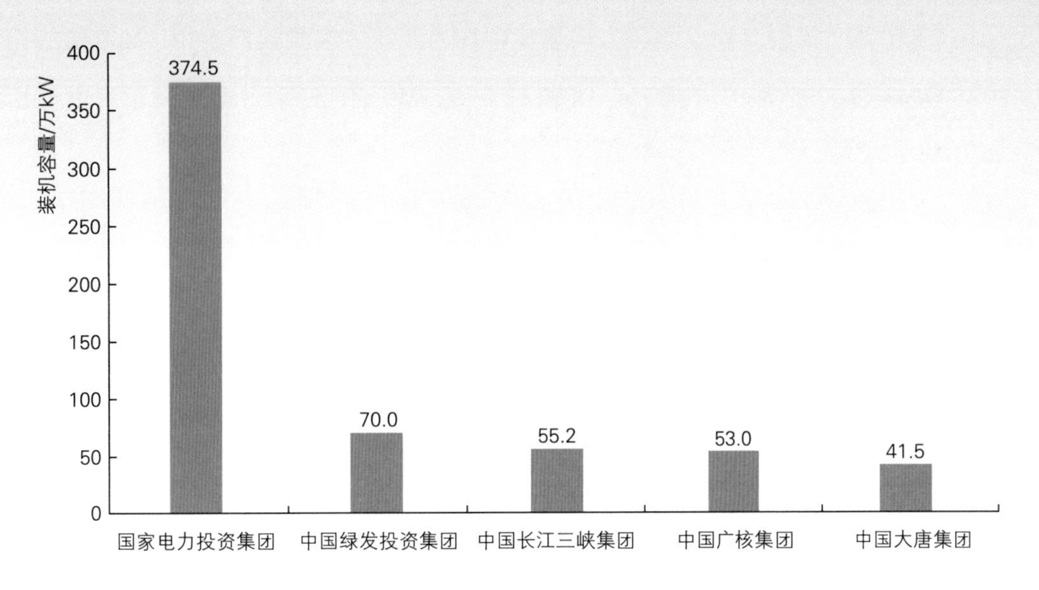

图 5.4　2022 年青海省风电累计装机容量排名前 5 位的开发企业

发电量增长显著

近年来，青海省风电年发电量及占全部电源总发电量比重增长显著（见图 5.5）。2022 年青海省风电年发电量达 156 亿 kW · h，同比增长 19.8%，占全部电源年发电总量的 15.7%，较 2021 年增长 2.6 个百分点。

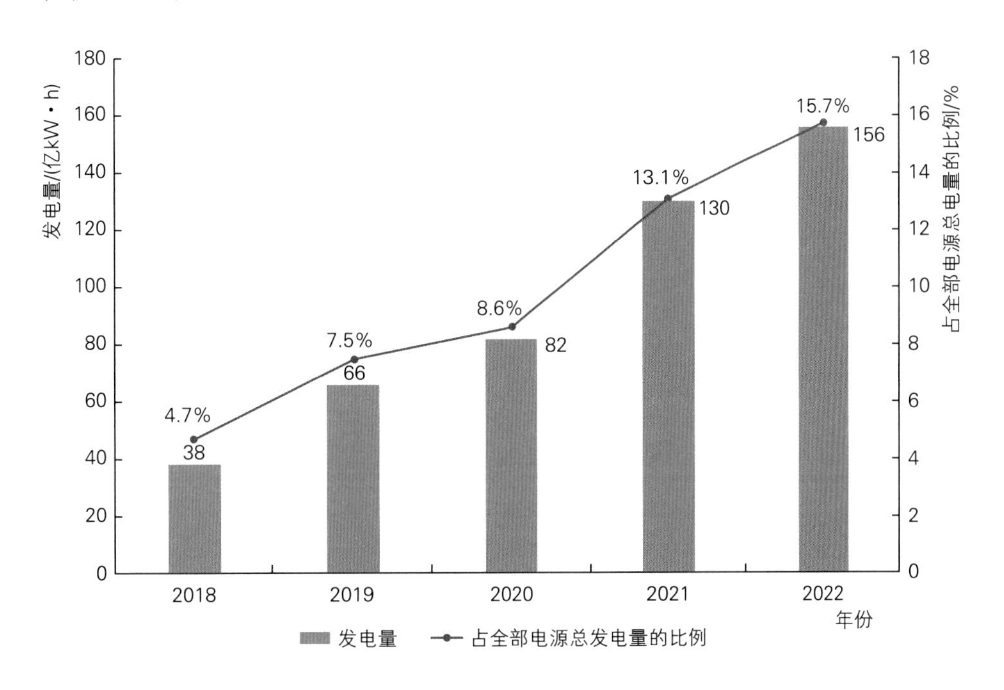

图 5.5　2018—2022 年青海省风电年发量及占比变化趋势

分市（州）看（见图 5.6），风电发电量集中在海西蒙古族藏族自治州、海南藏族自治州，2022 年发电量分别为 81.1 亿 kW · h 和 68.2 亿 kW · h，分别占全省风电总发电量的 52.1%和 43.8%。

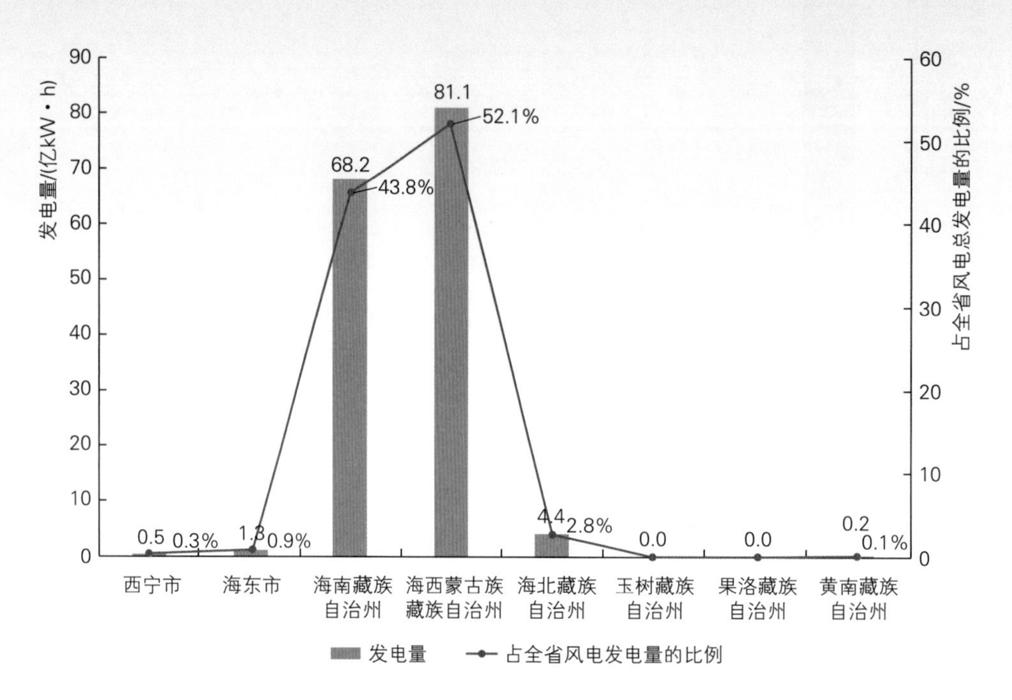

图 5.6　2022 年青海省各市(州)风电发电量变化趋势

(注:图中黄南藏族自治州发电量为 2022 年 9—12 月的统计数据。)

5.3　前期管理

调整优化存量项目，有序引导增量开发

2022 年 10 月，青海省能源局印发《2022 年青海省新能源开发建设方案》（青能新能〔2022〕162 号），对纳入《青海省 2021 年新能源开发建设方案》中未按期开工建设的 4 个风电项目（8.8 万 kW），已由原核准（备案）机关予以废除。规范省内新能源项目开发秩序，加快实施第二批大型风电光伏基地项目，重点支持清洁取暖配套新能源项目，试点推进“揭榜挂帅”新型储能示范项目，有序安排普通市场化并网项目，2022 年开发建设风电项目合计装机容量 169 万 kW。

加快资源复查进度，合理布局规模化发展

2022 年 8 月，青海省人民政府印发《关于印发以构建新型电力系统推进国家清洁能源产业高地建设工作方案(2022—2025 年)的通知》(青政〔2022〕41 号)，明确在风能开发价值较大的海西德令哈大柴旦、冷湖、茫崖和格尔木等地区加密观测风能资源，掌握全省和重点地区风能资源水平和特点。推动风电规模化发展，缓解光伏单兵突进带来的系统调峰调频难题。在大柴旦地区布局风电 600 万 kW，海西蒙古族藏族自治州合理确定冷湖地区油气压覆矿及天文观测基地区间，争取布局建设风电 400 万 kW；在海南藏族自治州共和县、贵南县布局建设风电 400 万 kW。到 2025 年，风电装机规模超过 1650 万 kW。

5.4 投资建设

总投资出现回落

由于青海省 2022 年度风电项目建设实施进度相对较慢，叠加风电单位千瓦造价下降影响，全省新增风电投资约 30.7 亿元，较 2021 年降低 37.5 亿元，降幅 54.9%。2022 年风电完成投资占全省清洁能源投资的 9.1%，较 2021 年降低 13.9 个百分点；占能源领域投资的 6.2%，较 2021 年降低 9.8 个百分点。

投资以大型央企为主，民企投资首入前 5 位

分企业来看(见图 5.7)，投资仍以中央企业为主，风电投资总额排名前 5 位的依次为中国广核集团有限公司、中国绿发投资集团有限公司、华润电力控股有限公司、金风科技股份有限公司、北京能源国际投资有限公司，分别占全省风电总投资比例为 41.7%、19.6%、12.5%、10.4%、5.3%，合计总投资占比达 89.3%。

风电成本受主机价格影响持续下降

2022 年我国风电技术取得重大突破，设备零部件国产化率进一步提升，风电机组功

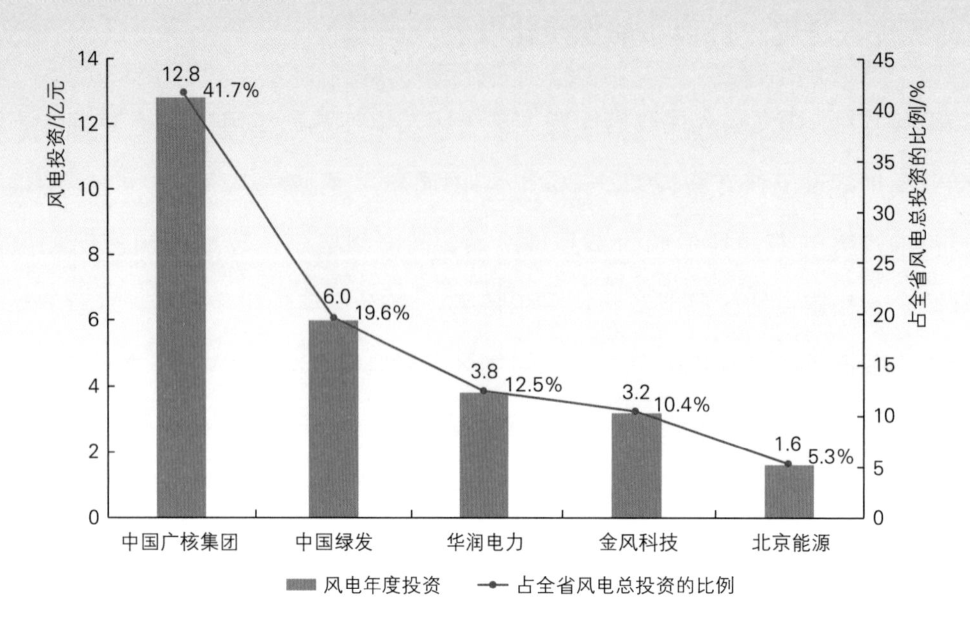

图 5.7　2022 年青海省风电投资排名前 5 位的开发企业

率、叶片、塔筒以及配套设备持续向更大、更长、更高、更可靠方向发展，陆上 7MW、8MW 风电机组陆续吊装。新增陆上风机平均单机容量从 2021 年的 3.1MW 增长至 2022 年的 4.3MW，同比增长 38.7%。

据不完全统计，2022 年陆上风机（不含塔筒）价格一路下跌，从一季度最低中标价格 1408 元/kW，下降至 10 月最低中标价格约 1200 元/kW，创历史新低。相比 2021 年陆上风机（不含塔筒）中标价格 1700～2300 元/kW，下降明显。

风机大型化不仅带来了原材料单位成本的下降，同时也降低了风电场所需的风机数量，降低土地使用、施工桩基等方面成本。2022 年青海省平坦与山地地形集中式风电项目单位千瓦造价分别约为 4500 元和 5700 元，与 2021 年相比降幅分别达 19.6% 和 18.6%。

设备及安装工程主导风电造价

风电项目单位千瓦投资包括机电设备及安装工程、建筑工程、施工辅助工程、其他费用、基本预备费和建设利息（见图 5.8）。机电设备及安装工程费用在青海省风电项目总体工程投资占比最大，将近 70%，是项目整体造价指标的主导因素。

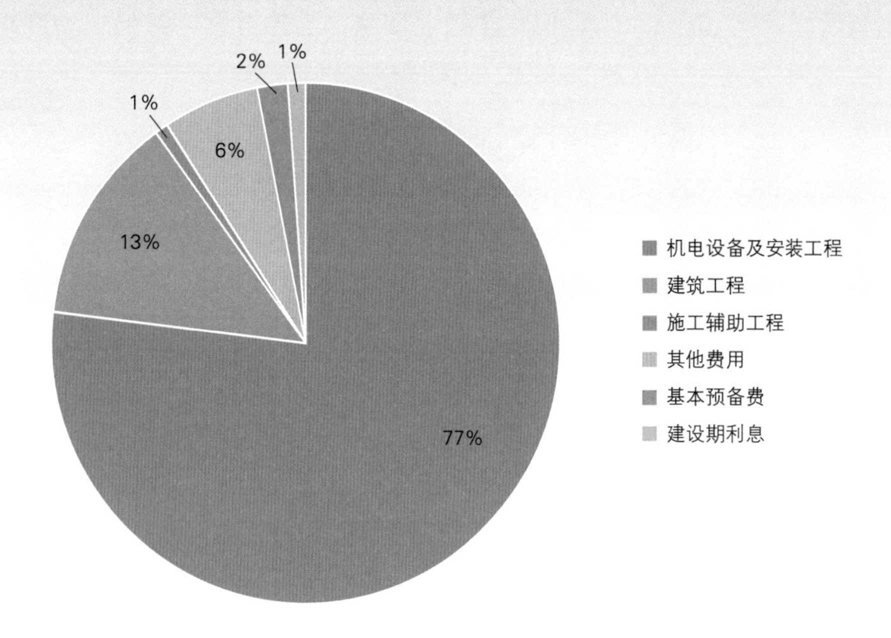

图 5.8　2022 年青海省风电项目工程投资构成

5.5　运行消纳

年利用小时数实现两连涨

由于 2021 年风电项目新增并网装机容量较小，西宁市大工业负荷增长较快，加之骨干电网建设不断增强，2022 年青海省风电年平均利用小时数达 1614h，较 2021 年增加 95h（见图 5.9），同比增长 6.3%。

分市（州）看（见图 5.10），各市（州）平均利用小时数不均衡。风电平均利用小时数由多到少依次为海北藏族自治州、海东市、海西蒙古族藏族自治州、海南藏族自治州、西宁市、黄南藏族自治州，其中高于全省平均值的市（州）为海北藏族自治州、海东藏族自治州、海西蒙古族藏族自治州，其余市（州）均低于全省平均值。

风电利用率有所好转，但依然有待提高

2022 年，青海省弃风电量 12 亿 kW · h，较 2021 年减少 4 亿 kW · h，近五年来首次实现降低；全省风电平均利用率 92.7%，相较于 2021 年提高 3.4 个百分点，风电

消纳形势有所好转（见图 5. 11）；但从全国范围看，全省弃风电量仍较为严重，有待提高。

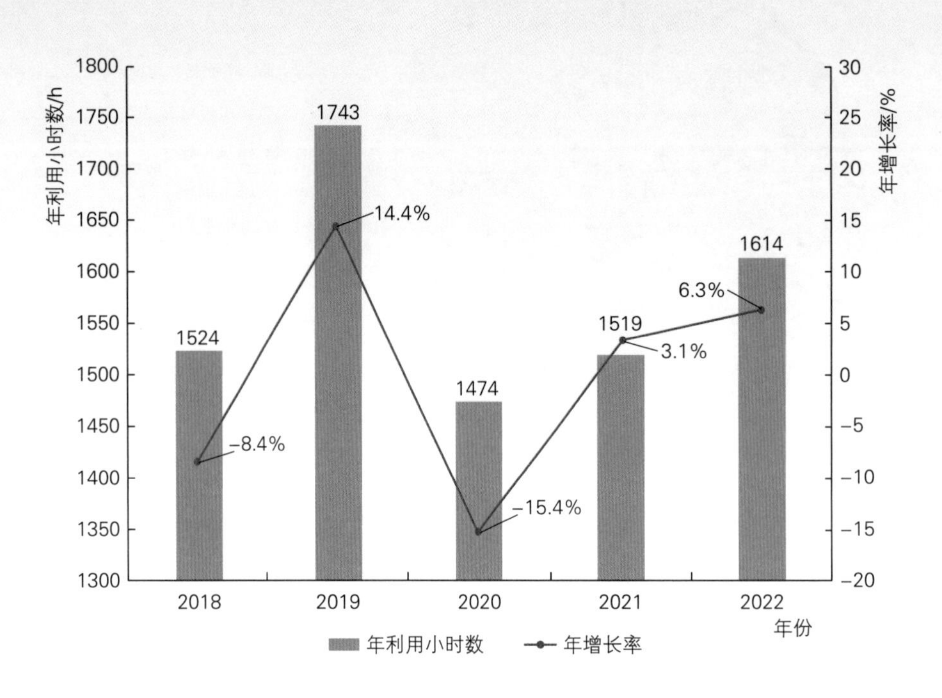

图 5. 9　2018—2022 年青海省风电年利用小时数对比

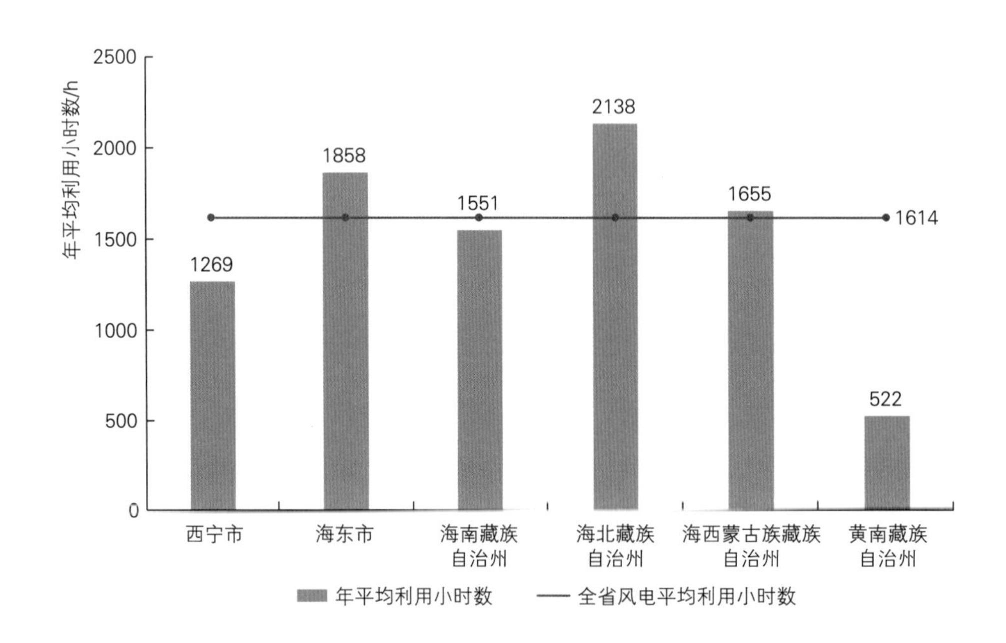

图 5. 10　2022 年青海省各市（州）风电利用小时数
（注：图中黄南藏族自治州发电量为 2022 年 9—12 月的统计数据。）

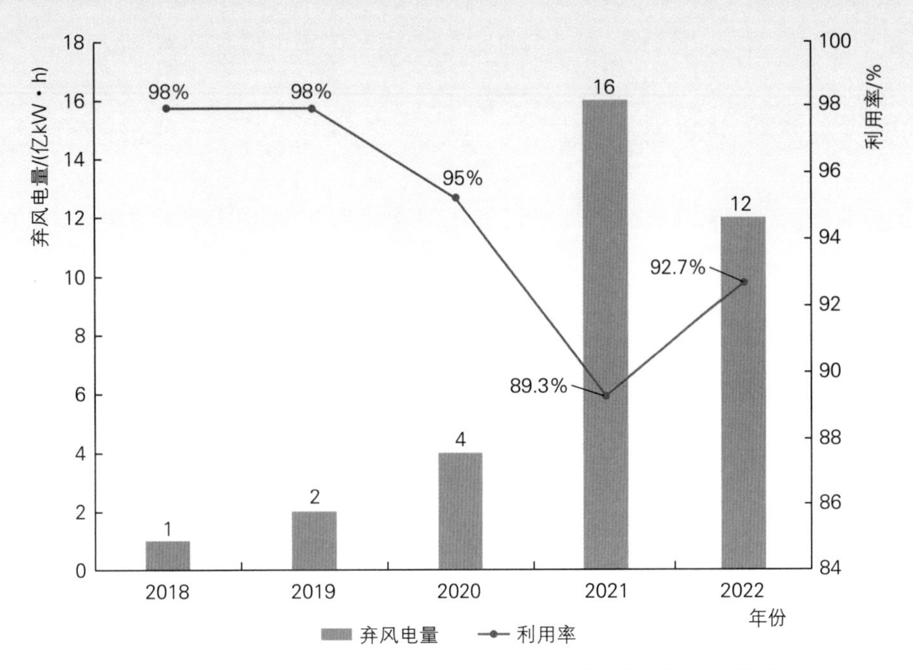

图 5. 11 2018—2022 年青海省弃风电量和利用率变化趋势

5.6 技术进步

风电机组技术加快迭代

2021 年，我国新增陆上风电项目的平均单机容量 3. 1MW，2022 年单机容量进一步提升，部分项目已明确要求风机投标单机容量须达到 5～6MW。 特别是深能苏尼特左旗风电项目计划安装 7. 15MW 超大容量机组，刷新了我国陆地批量使用的风电机组容量纪录。 为满足沙漠、戈壁、荒漠、高原地区的大型风电基地建设需求，国内主流风电整机厂商相继推出了不同场景下的 7MW 及以上的超大型陆上风电机型。

设备零部件国产化替代趋势明显

机组大型化趋势有望重塑行业格局，特别是国产大型叶片复合材料的产能和主轴轴承“卡脖子”难题将逐步得到解决。 碳纤维材料在叶片的大型化、轻量化进程中有明显的优势，据统计，2022 年国内碳纤维总运行产能约 11 万 t，占全球总产能的 43%，国产碳纤维用量历史上首次超越了进口量，预计到 2030 年全国碳纤维产能为 30 万 t。 而风电轴承由于对工作强度、寿命和稳定性的要求较高，在所有风机零部件中国产化率最低，2020 年主

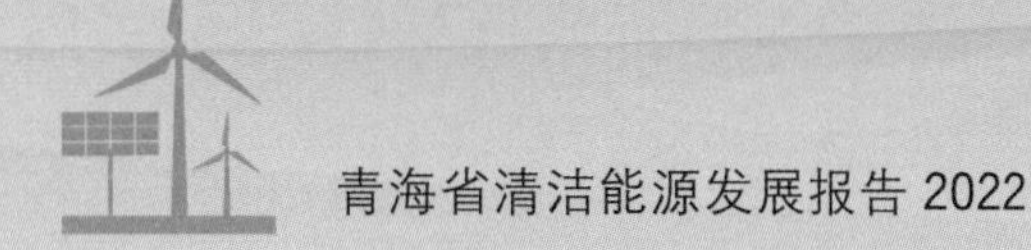

轴轴承国产化率为 33%，预计到 2022 年主轴轴承国产化率可提高到 40%。

工程勘察设计水平不断进步

陆上超高塔筒、超高海拔等不同工况下的风电工程勘测设计技术进步速度较快。特别是超高海拔风电勘测设计技术取得了突破性进展，海拔 5158m 的西藏措美哲古分散式风电场的成功并网和良好运行对探索解决高海拔风能资源特性、地理特性、气候特性复杂多变，风电场选址、测风、设计、开发建设、运营管理方案，以及风电机组设备元器件选择、绝缘设计、加工工艺、控制策略等都具有极大的实践和指导意义。

施工安装技术水平稳步提升

在陆上风电施工方面，适用于高塔筒、长叶轮、大容量的陆上风电吊装设备逐步应用，搭载超长叶片 175m 叶轮直径机组、165m 超高钢柔塔机组已陆续实现安装，最大起升高度达 198m、最大起升重量达 180t。

智慧运维技术不断提高

风电机组制造企业将传统风电技术与大部件数据安全监测、故障识别预警、长周期运行评估相结合，依托智能检测机器人和无人机巡检模式，构建风电场智慧运维系统。设计和开发企业着力推动全生命周期智慧风电场管理平台，加快信息化、智能化、数字化转型步伐。

青海风电发展顺势而为

在风机大型化发展的趋势下，2022 年青海省已招标风电项目最大单机容量达 6.7MW，风电项目叶轮直径向 190～200m 发展，轮毂高度向 120m 发展，已并网项目最高海拔达到 3780m，低风速、高海拔风电机组技术在开发实践中不断进步。

5.7 发展趋势及特点

风电装机占比稳中有升

青海省风能资源丰富，土地条件好，风电装机容量快速增长，由 2018 年的 267 万 kW

增长至 2022 年的 972 万 kW，近五年增长 2.6 倍，年均增长率 47.0%；2021 年风电补贴退坡后，2021—2022 年年均增长 7.4%，增速放缓，但稳中有升，装机占比由 2018 年的 9.5% 增长至 2022 年的 21.8%，五年间增加 12.3 个百分点。

风电发电量首次超过煤电发电量

2022 年青海省风电全年发电量 156 亿 kW · h，较 2021 年增加 26 亿 kW · h，同比增长 19.8%。其中风电发电量占全部电源发电总量的 15.7%，较 2021 年提高了 2.6 个百分点，风电发电量占比持续提高，首次超过煤电发电量，成为继水电、太阳能之后的第三大发电量主体。

风电利用有所好转，但依然有待提高

2022 年青海省风电年平均利用小时数达 1614h，近三年首次实现增加，较 2021 年增加 95h，同比增长 6.3%。2022 年弃风电量 12 亿 kW · h，较 2021 年减少 4 亿 kW · h，实现两连涨；全省平均利用率 92.7%，较 2021 年提高 3.4 个百分点，风电消纳形势有所好转。但从全国范围看，全省弃风电量仍较为严重，消纳形势应予以重视。

分市（州）看，各市（州）平均利用小时数不均衡，特别是装机容量最大的海西蒙古族藏族自治州平均利用小时数仅 1551h，低于全省平均值，应予以关注。

风光互补效益需进一步加强

青海省风电出力主要集中在 16：00 以后至夜间时段，与光伏具有较好的互补性。在光伏大发展的情况下，近五年风电也得到了较快发展。青海省风电、光伏并网规模比例由 2018 年的 1：3.6 优化至 2022 年的 1：1.9，风光互补优化了电源结构，高效推进青海打造国家清洁能源产业高地。

风电产业链尚处于起步阶段

青海省风电产业链主要涉及风机制造和塔筒制造，重点包括青海明阳新能源有限公司德令哈工业园区的 1.5～3.8MW 风机、叶片组装，预计年产能 500 台/年。青海远景新能源公司在海南藏族自治州建设 100 台/套组装生产线，预计年产能 100 台/套。华汇重型装

备制造公司德令哈工业园区建设 1000 台/套组装生产线，预计年产能 1000 台/套。 产能规模相对较小，且无相关先进制造业，持续壮大风电产业链任重而道远。

5.8 发展建议

开展风电资源复查，形成项目开发布局一张图

积极组织开展风电资源复查，加强全省风资源观测工作，并在重点地区进行资源加密观测，系统掌握全省风资源分布情况。 兼顾资源条件、电力供需、生态保护、要素保障等因素，统筹安排风电项目布局，将项目用地布局及规模纳入国土空间规划“一张图”。 探索在已建或者新增规划的大规模风电项目中开展风光同场项目试点，从而达到土地资源利用集约化和风光资源利用最大化的目标。

稳步推进风光互补开发

充分释放风电夜间出力的潜力，将风电上升为具有调峰支撑属性的战略品种。 在海西德令哈、大柴旦、冷湖等地区布局一批风电项目，稳步推进风电规模化发展，优化风光互补比例，缓解光伏单兵突进带来的系统调峰难题和青海省电力系统“夜间缺电”问题。适度配置储能设施，提高各类能源互补协调能力，提升能源的综合利用效率，支撑电力系统安全稳定运行。

加快推动高海拔、低风速风电产业化发展

引导开发布局平均风速 6m/s 以下的风资源区域，鼓励采用适合青海的高海拔、低温、低空气密度的风机设备。 借鉴风电强省风电产业发展模式，加快构建高海拔风电产业装备创新服务体系，搭建高海拔风电技术装备联合创新中心或示范平台，加大产业上下游一体化发展政策引导力度，开展适应性产品研发、试验、示范应用，逐步构建塔筒、轴承、叶片等风电装备制造产业链，推动青海省风电产业高质量发展。

探索陆上油气勘探开发与风光发电融合发展示范性工程

充分利用陆上油气田风能资源禀赋较好、建设条件优越、具备持续规模化开发条件的

优势，着力提升新能源就地消纳能力。重点推进青海省海西油田等地区的风电集中式开发，支撑油气勘探开发清洁用能，加快实现燃料油气的替代，提高油气采收率，大幅增加油气商品供应量。

合理有序开展老旧风电场更新试点工作

随着风电大力发展，目前有部分运行年限超过10年的发电机组单机容量在1.5MW及以下，叶轮直径也相对较小，具备更新换代潜力。国家能源局印发《风电场改造升级和退役管理办法》（征求意见稿）指出，可进行风电场改造升级。未来青海省风电场改造与升级市场潜力较大，建议先行先试，发挥示范突破带动作用，进行技术积累和政策制度建设。

持续加强风电发展监管

随着国家“放管服”改革的深入，需进一步加强市场监管，促进风电产业健康有序发展。特别是完善风电项目开发建设信息监测机制，切实做好信息分析研判，全面提升项目信息监测质量。还要加强风电行业的事前事中事后监管，针对风电发展规划、全额保障性收购、工程质量验收等方面建立全过程监管体系，推进工程全过程咨询机制，建立监管评估机制。

6

生物质能

6.1 资源禀赋

截至 2022 年底，我国主要生物质资源年产生量约 45.4 亿 t，其中，农作物秸秆约 7.9 亿 t，畜禽粪污约 30.5 亿 t，林业废弃物约 3.4 亿 t，生活垃圾约 3.1 亿 t，其他有机废弃物约 0.5 亿 t。 生物质资源作为能源利用的开发潜力为 6.3 亿 t 标准煤。 全国生物质资源基本情况如图 6.1 所示。

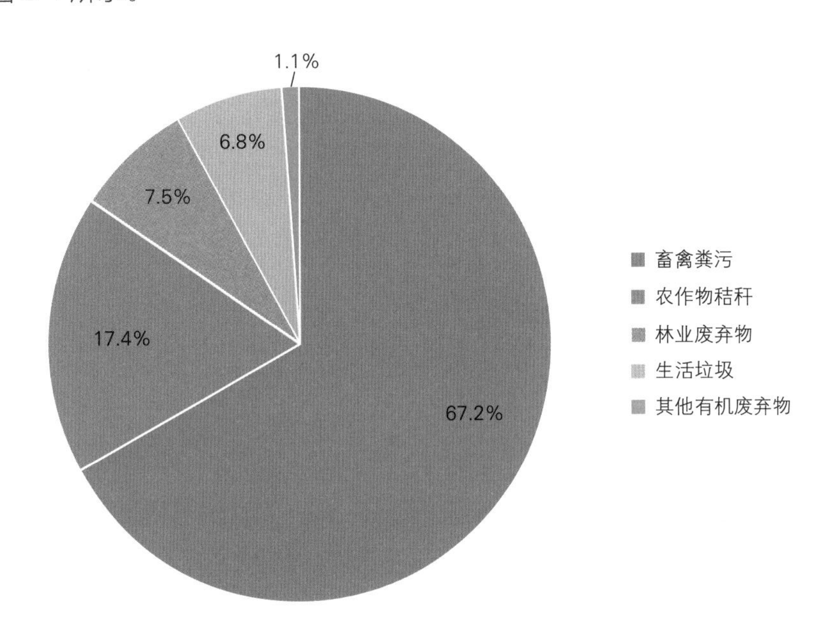

图 6.1　全国生物质资源基本情况

青海省属于生物质资源一般地区，可利用生物质资源包括畜禽粪污、农作物秸秆、林业废弃物、生活垃圾等，各市（州）可能源化利用的生物质资源总量约 830.8 万 t，约为全国生物质资源总量的 0.22%，相当于 372.7 万 t 标准煤。 其中，畜禽粪污 439.9 万 t，折合标准煤约 213.7 万 t；农作物秸秆 142.3 万 t，折合标准煤约 71.2 万 t；林业剩余物 102.6 万 t，折合标准煤约 58.6 万 t；生活垃圾 146.0 万 t，折合标准煤约 29.2 万 t。 青海省可能源化利用的生物质资源基本情况如图 6.2 所示。

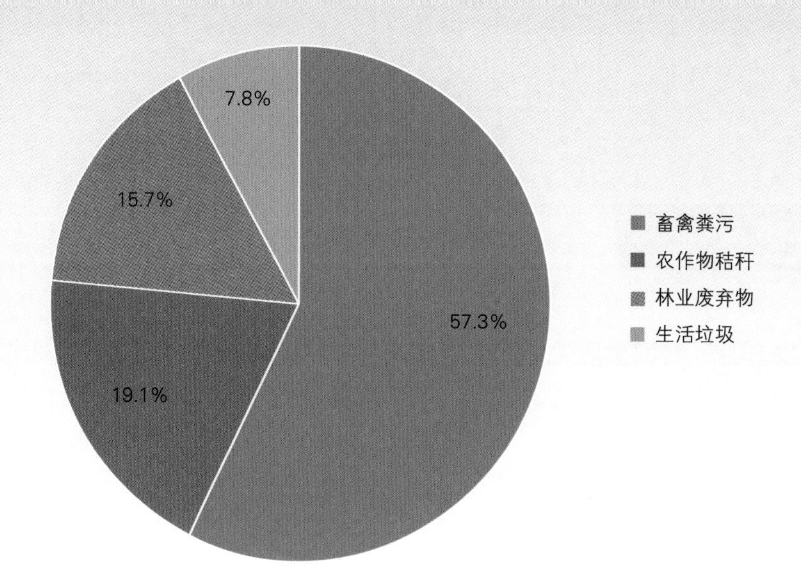

图 6.2　青海省可能源化利用的生物质资源基本情况

6.2　发展现状

生物质发电开发模式单一、分布集中

青海省已投产的生物质能发电项目全部为沼气发电项目，生物质能发电开发模式单一，累计总装机容量为 0.8 万 kW。其中，“十三五”期间累计装机容量 0.5 万 kW，2021 年新增装机容量 0.3 万 kW，2022 年无新增项目。

分市（州）来看，青海省生物质发电项目均位于西宁市，其他市（州）尚未开发生物质发电项目。

生物质发电年利用小时数高

2022 年青海省生物质发电项目（沼气发电）年平均利用小时数为 3830h，较 2021 年降低 245h。从全国来看，青海省沼气发电年平均利用小时数较全国平均水平高出 633h，仍处于较高水平。

生物质发电项目投资规模较大

2020—2022年，青海省开工建设生物质发电项目共2个，总投资达19.6亿元，投资规模增长较快。其中，西宁市餐厨垃圾处理项目一期工程装机规模为0.2万kW，日处理餐厨垃圾300t，总投资3.0亿元，沼气发电单位造价为100万元/（t·d），占总投资的15%；西宁市生活垃圾焚烧发电项目装机规模为7万kW，日处理生活垃圾3000t，总投资16.6亿元，单位造价为55.3万元/（t·d），占总投资的85%。投资建设项目情况见表6.1。

表6.1　投资建设项目情况统计表

项目名称	项目状态	项目容量/万kW	项目开工时间	预计全容量并网时间	投资/亿元	日处理废弃物/t
西宁市餐厨垃圾处理项目一期工程	在建	0.2	2021年3月	2023年1月	3	300
西宁市生活垃圾焚烧发电项目	在建	1×5.5 1×1.5	2020年3月	2023年3月	16.6	3000

6.3　发展建议

统筹规划生物质资源开发

青海省已投产生物质能发电项目均为沼气发电项目，生物质资源开发模式单一。规模化的生物质能（直燃发电、颗粒燃料、生物制碳、大中型沼气等）发展滞后，工业和市政有机固体废物（和废水）的生物质资源开发程度较低，应系统制定生物质能发展规划和政策，统筹规划生物质资源开发，实现生物质能综合利用。

加快生活垃圾焚烧发电设施建设

推进城镇生活垃圾焚烧处理设施建设是强化环境基础设施建设的重要环节。青海省大部分城市生活垃圾清运量小，不具备建设规模化垃圾焚烧处理设施的条件，生活垃

圾处理以填埋为主，存在生态环境污染隐患，建议加快建设垃圾焚烧发电厂，进一步完善垃圾分类收集运输体系，加大生活垃圾焚烧处理设施建设，加快补齐发展短板。

推进生物质能多元化利用

因地制宜推进生物质能多元化利用，宜气则气、宜热则热、宜电则电，推进生活垃圾无害化处理体系发展，鼓励农林生物质热电联产项目建设。 在农作物种植和畜禽养殖集中区、人口聚集区等区域推动生物天然气示范建设，稳步推进生物液体燃料应用，因地制宜发展沼气发电，促进生物质发电项目发展。 鼓励加快生物质能非电领域应用，提升项目经济性和产品附加值，减少补贴依赖。

7

地热能

7.1 资源概况

青海省地热资源丰富、品类齐全

青海省贮藏有丰富的地热资源，资源种类齐全，水热型地热、浅层地热能、干热岩三种类型均有发现。

截至 2022 年底，全省已发现水温 15℃以上的天然温泉点 72 处，共实施地热井 72 眼（包括 7 眼干热岩井）。天然温泉点中，90℃以上的中温热水点 3 处（贵德曲乃亥温泉、扎仓温泉及班玛克柯河温泉），60～80℃的低温热水点 12 处，40～60℃的低温热水点 17 处，15～40℃的低温水点 40 处。温泉主要出露于青海省的东北部及南部地区，包括西宁市、共和县、贵德县、同仁市、兴海县、玉树州等地区。地热井主要集中分布在西宁市、海南藏族自治州及海东市，井深 150～2000m，出水温度 16～105℃。

青海省水热型地热资源按照成因分类可分为隆起断裂型地热资源和沉积盆地型地热资源两大类。隆起断裂型地热资源主要分布在西宁盆地南缘药水滩地热区、贵德县热水沟地热区、兴海县温泉地热区及唐古拉山口温泉地热区等，常以温泉形式沿断裂带排泄于地表，具有温度高、分布面积小的特点。天然温泉泉口水温最高可达 98℃，位于贵德县扎仓地区。沉积盆地型地热资源主要分布于西宁盆地、共和盆地、贵德盆地及柴达木盆地北缘，主要赋存在盆地区孔隙发育的中新生界砂岩地层中。目前勘查成果表明，共和盆地的恰卜恰地区、贵德盆地的贵德县城附近地热资源赋存条件最佳。

干热岩资源主要分布在共和盆地和贵德盆地。在共和地区 3705m 处、贵德县扎仓沟地区 4602m 处分别探获温度达 236℃和 214℃的干热岩，初步圈定干热岩远景区 18 处，总面积 3092km^2，预测干热岩资源换算标准煤 6300 亿 t。

7.2 发展现状

地热资源勘查稳步推进

2022 年青海省共部署实施 5 项地下热水资源调(勘)查项目及 1 项全省地热资源综合研究科研项目，实施地热勘探井 3 眼，累计投入资金 1789.69 万元。地下热水资源调（勘）查项目分布于海东市 1 项，玉树州 1 项，海南藏族自治州 2 项，其中在共和县沙珠玉地区实施的地热井，探获孔口水温 52.8℃、涌水量高达 $4940m^3/d$ 的地下热水资源；海东市平安区白沈家沟地区实施的地热井，探获孔口水温 75.2℃、涌水量 $566.38m^3/d$ 的低温地下热水资源；玉树州结古镇 2022 年部署的地热井正在实施。

地热供暖

2022 年共和县发展改革局部署实施了共和县地热供暖改造示范项目，对海南藏族自治州政府办公楼及宿舍楼供暖系统进行改造，实施了 2 眼井深 1300m 的地热井及利用已实施的 DR4 地热孔作为备用井，采用“取热不耗水”工艺、“一采一灌一备”对井模式，以“地热＋热泵”方式实现地下热水资源清洁供暖，供暖面积达 5 万 m^2，实现总制热量 2250.26kW。该项目是青海省首个地热能供暖改造示范项目，对后续全省地热资源开发利用具有指导意义。

共和县城北新区地热供暖改造示范工程于 2021 年 12 月 5 日进入试供暖阶段，地热井出水水温高达 95℃，水量达 $2241m^3/d$，以“取热不耗水”的理念，通过“一采一灌”和四级取热方式，实现了城北新区 1 号片区 15 万 m^2 的地热供暖。

地热农业

地热农业利用处于起步阶段。在共和县恰卜恰镇上塔迈村，依托当地丰富的地热资源，建成高科技农业示范园区，园区占地面积 $466200m^2$，项目总投资 9901 万元。园区以地热能开发利用示范为中心，运用地热学、生态经济学和系统工程学方法，发展高产、高效、低耗、无污染无公害的瓜果蔬菜、中药材、畜禽产品，以及休闲观光为一体的综合型

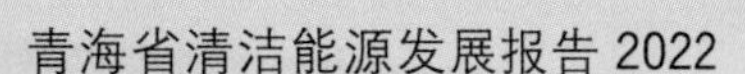

高科技生态农业。

地热发电

干热岩发电利用在海南藏族自治州共和县取得阶段性突破。2019 年由中国地质调查局牵头组织实施开展的"青海共和盆地干热岩勘查与试验性开发科技攻坚战"项目，以期在共和县建立我国首个干热岩开发示范工程，推动干热岩勘查开发产业化。依托高温干热岩井，成功实现了我国首次干热岩试验性发电，正在推进干热岩勘查及试采科技攻坚。该地热发电项目完成了干热岩试采井组三井连通试验地下工程、地面换热系统和发电工程，获取了一批实物资料样品和一系列相关成果数据，基本查明了共和县干热岩开发场地深部岩性变化、温度梯度和裂隙系统分布特征等，为我国干热岩资源规模化开发利用做出了积极探索并积累了宝贵的技术经验和数据。

7.3 前期管理

积极稳妥推进地热能源资源勘查和利用

2022 年 1 月，青海省发展改革委等部门印发《青海省促进地热能开发利用贯彻落实方案》(青发改能源〔2022〕10 号)，明确以调整能源结构，增加可再生能源供应，减少温室气体排放，实现地热能资源规范化、规模化、市场化、生态友好化发展为目标，积极稳妥推进地热能源资源勘查和利用，规范项目建设程序，完善信息统计和监测体系，保障地热能开发利用规范有序。鼓励地方和有关部门研究制定地热能开发财政、金融等支持政策。鼓励和支持高等院校、科研机构、企业加强技术创新和实践，推进产学研成果转化，共同营造良好的地热能开发利用政策环境。

加快清洁能源产业规模化发展

2022 年 12 月，青海省人民政府印发《青海省碳达峰实施方案》(青政〔2022〕65 号)，提出充分发挥青海省资源优势，稳妥有序推进碳达峰工作，加快推进经济社会全面绿色低碳转型，深入推进共和至贵德、西宁至海东地区地热资源以及共和盆地干热岩资源开发利用，实现试验性发电及推广应用。

推动地热能等其他清洁能源发展

2022 年 9 月，青海省人民政府办公厅印发《青海打造国家清洁能源产业高地 2022 年工作要点》（青政办函〔2022〕153 号），提出推进海南藏族自治州共和盆地地热开发利用示范试验基地建设、推动兆瓦级干热岩发电项目实施、推进共和县地热供暖改造示范项目等举措。

完善引导绿色能源消费的制度和政策体系

2022 年 7 月，青海省发展改革委、能源局印发《青海省关于完善能源绿色低碳转型体制机制和政策措施的意见》（青发改能源〔2022〕553 号），加快构建清洁低碳、安全高效的能源体系，创新农村可再生能源开发利用机制，完善地热能开发利用扶持政策和保障机制。将符合条件的地区纳入国家农村能源供应基础设施、北方地区清洁取暖、建筑节能等项目补助范围，利用省级清洁取暖奖补资金稳步推动青海省供暖清洁化。

7.4 发展趋势及特点

地热发展更加重视科学性与环保性

青海省地热能迅速发展的同时，地热水回灌工作得到加强，“取热不耗水”的地热利用技术得到广泛应用。地热供暖、地热发电通过井筒换热的方式实现了采灌均衡，有效保护了地下水资源。同时，通过地热的热恢复和补给能力科学判定地热温泉疗养等直接利用方式可利用量，实现了地热能源的可持续发展。

中深层地热能多领域应用趋势明显

青海省地热资源利用前期是以温泉洗浴为主，近年来逐步开发了西宁市瑞锦湖畔家园地热供暖、共和县城北新区地热供暖、部分温泉旅游区地热供暖以及共和县上塔迈村地热农业产业园等地热利用项目，形成了温泉、供暖、农业利用等多维应用格局，全省中深层

地热能多领域应用趋势明显。

发电规模将继续增长

“双碳”目标的大背景下，清洁供暖需求空间广阔，地热清洁供暖对碳减排和大气污染防治效果十分突出，且地热供暖在无补贴的条件下已具备较煤炭、燃气、电供暖的价格优势。干热岩发电方面，在青海共和盆地已成功实现我国首次干热岩试验性发电，远期伴随更多干热岩资源的勘查突破和技术进步，将可能成为新能源发电的重要增长领域。

地热资源勘查程度不均衡，资源底数不明

近年来青海全省范围内虽开展过很多专项地热资源勘查工作，但大部分都是集中于省域东部共和县、西宁市、海东市等地热地质条件较好、人口较集中、便于开发利用的地区，其他地区只是零星地开展过地热资源调（勘）查工作，全省地热资源勘查程度极不均衡。

地热开发利用关键技术问题未有效解决

地下热水、干热岩勘查仍采用地面调查、地球物理勘探、钻探等常规方法，新技术新方法的应用推广不足。如西宁市高矿化度地下热水，存在严重结晶和腐蚀问题，目前只能用于洗浴和游泳，无法大规模用于供暖。再如同仁地区实施的地热井，孔底温度高达90℃，但孔内基本无水。针对这种情况，国内外目前采用“取热不耗水”技术进行换热应用，但青海省未开展过相关的研究或示范工程建设。

地热资源开发利用程度较低，资源保护和开发利用研究不足

青海省大部分地热井实施后都被闲置，开发利用程度低，且已开发的温泉、地热井都是粗放地用于洗浴、灌溉等低端方式，未能形成绿色环保的梯级利用系统，使用完的尾水多直接排放入市政管道，未能进行回灌循环，资源浪费严重，利用效率低下。目前没有地热资源勘查、开发利用相关管理办法及保护措施，未设置地热资源矿业权。

7.5 发展建议

加强地热资源勘查工作

全面查清地下热水、干热岩等地热资源的赋存状况，根据资源环境承载能力和水资源开发利用条件，对地热资源开发利用的可行性、适宜性、开发利用总量和强度进行总体评价。加大地热勘查资金投入，鼓励社会资金开展干热岩、地下热水、浅层地热能勘查开发。加快勘查进程，摸清资源家底，为全省地热资源开发利用奠定基础。

推进浅层地热能开发利用

西宁市、格尔木市和德令哈市等地区的浅层地热能资源勘查评价成果显示，200m 以浅热容量为 3.97×10^{13} kJ/℃，浅层地热资源潜力巨大，开发前景广阔。建议结合资源条件和供暖需求因地制宜推进浅层地热能利用，建设浅层地热能集群化利用示范区。重点在浅层地热资源丰富、建筑条件利用优越、建筑用能需求旺盛地区，规模化推广应用浅层地热能。鼓励政府投资的公益性建筑及大型公共建筑优先采用热泵系统，鼓励既有燃煤、燃油、燃气锅炉供热等传统化石能源改用热泵系统或与热泵系统复合使用。

稳妥推进干热岩技术开发

加大干热岩勘探力度，推进干热岩技术开发及利用，协调相关部门开展干热岩开发利用压裂实验关键技术研究，与干热岩利用技术成熟的省份建立交流合作机制，促进青海省干热岩开发利用进程。同时，在资源条件较好的地区开展发电关键技术和成套装备攻关，为地热能发电规模化发展做好技术储备。

营造有利的政策环境，加强政府统筹管理

政府应出台财政补贴和优惠政策，鼓励和支持企业加强技术创新，共同营造有利于地热能开发利用的政策环境。一是给予地热发电上网电价补贴政策，提高企业积极性，促进地热发电产业快速发展；二是地热能供暖过程中，考虑地热资源丰度、用途、价值、不同

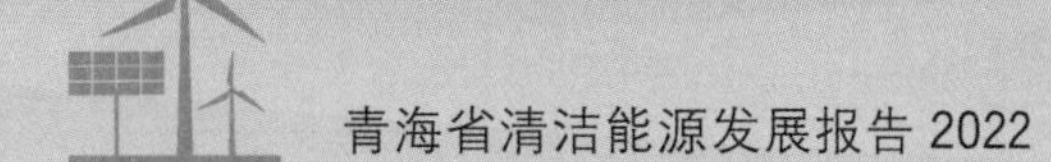

利用方式的发展阶段，出台更为合理的差异化补贴、税收等财税政策。

理顺管理流程，推动产业有序发展。建议根据实际情况对各部门分工进行调整，建立地热能开发利用管理工作协调机制，牵头协调地热能勘测、规划、开发利用等管理工作，相关手续实行一站式办理。

制定、完善相关地方政策和标准。参照其他省份的经验做法，尽快制定地热资源管理规定与相关配套的实施办法。结合实际尽快制定出台有关地热资源勘查、开发利用、监测等地方技术标准，规范和提升地热资源开发利用水平。

加强与高校及科研院所技术合作

与科研院所、高等院校等加强技术创新和实践，建立地热开发利用相关培训、实习基地，通过产学研相结合方式，提升地热能开发利用理论水平，培养技术领军人才和专业技术人员，促进青海省干热岩开发利用进程，助力清洁能源示范省建设。

健全动态监测及评估调整机制

建立健全动态监测系统和制度，构建全覆盖、全要素的动态监测网络，组织全省地热能企业在地热能信息管理平台中录入项目备案信息，加强项目信息化管理。动态监测按照“谁受益，谁监测”原则，由地热开发单位负责监测，配备相应监测设备和人员，根据开发利用方式和开采的资源类型，对水位、开采量、回灌率、水质、水温、地温等参数进行长期监测，并将监测信息接入主管部门监管平台，及时掌握开发利用情况，根据监测结果，采取相应的资源保护和调控措施。

探索地热能与其他能源耦合供能模式

依托青海省丰富的水能、风能、太阳能资源优势，积极探索地源热泵与其他多种能源耦合供能技术，缓解新能源波动性发电与特性可靠性供电要求之间的矛盾，提升清洁供暖效率，促进地热能梯级利用，实现多种能源互补开发。将多能源整合、配比、方案比选、多能源联供，充分发挥不同能源的属性和特征，进而实现能源结构低碳化、资源利用高价值化、废弃物回收资源化并兼具经济性，提高投资回报率，使地热资源具有更强的市场竞争力。

8

天然气

8.1 资源概况

青海省天然气资源丰富，主要分布在青藏高原北缘的柴达木盆地。盆地天然气总资源量 32127 亿 m^3，其中生物气资源量 11226 亿 m^3，油型气资源量 8747 亿 m^3，煤型气资源量 12154 亿 m^3。

截至 2022 年底，青海省柴达木盆地探明不同类型的气田共 10 个，包括涩北一号、涩北二号、台南、马西、盐湖、东坪（含牛东）、驼峰山、马海、尖北、昆特依气田，2022 年新增探明天然气地质储量 6.11 亿 m^3，累计探明天然气地质储量 4413.22 亿 m^3，累计探明天然气可采储量 2099.33 亿 m^3。已开发气田 8 个，累计动用天然气地质储量 4120.97 亿 m^3，累计动用天然气可采储量 2003.07 亿 m^3。

8.2 发展现状

天然气外销管网基础设施条件好

青海省天然气外销管网主要以青海油田管网及国家石油天然气管网集团有限公司（以下简称“国家管网公司”）管网为主。其中青海油田涩格输气管道、涩格复线输气管道、涩仙敦输气管道总长度 655.92km，设计年总输气量 31 亿 m^3；国家管网公司涩宁兰输气管道、涩宁兰复线输气管道总长度 1881.4km，设计年总输气量 68 亿 m^3（见图 8.1）。

天然气开发连续 12 年实现 60 亿 m^3 以上稳产

截至 2022 年底，青海油田年产天然气 60.0027 亿 m^3，多年维持在 60 亿 m^3 以上（见表 8.1），位居全国第 4 名，累计生产天然气 1067.96 亿 m^3。其中，涩北一号气田

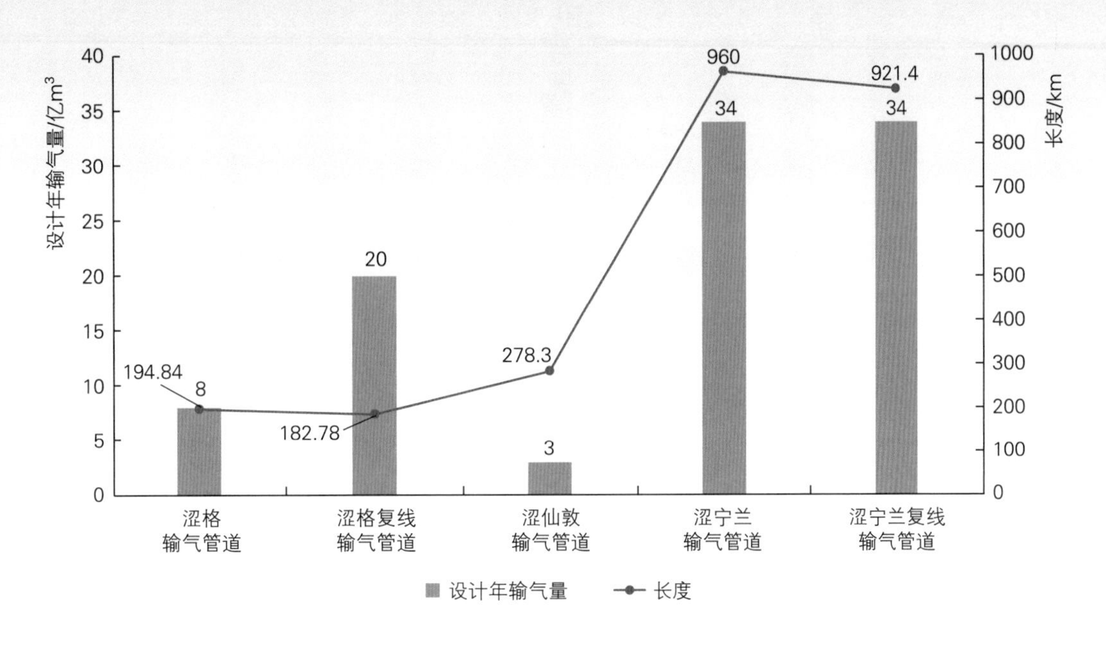

图 8.1 青海省外销管网长度及设计年输气量

年产天然气 21.97 亿 m³，累计生产天然气 321.23 亿 m³；涩北二号气田年产天然气 20.37 亿 m³，累计生产天然气 258.40 亿 m³；台南气田年产天然气 7.38 亿 m³，累计生产天然气 331.19 亿 m³；南八仙气田年产天然气 4.95 亿 m³，累计生产天然气 55.14 亿 m³；东坪气田年生产天然气 0.66 亿 m³，累计生产天然气 33.32 亿 m³；尖北气田年生产天然气 0.13 亿 m³，累计生产天然气 3.98 亿 m³（见图 8.2）。

表 8.1　　青海油田天然气产量及供应情况　　单位：亿 m³

年　份		2018 年	2019 年	2020 年	2021 年	2022 年
天然气产量		64	64	64	62	60
天然气商品量		57.2	57.5	57.5	55.6	54.1
供气管道	涩格线及其复线	12.3	12.1	11.0	11.9	11.3
	南八仙—花土沟支线	0.3	0.4	0.4	0.5	0.4
	南八仙—敦煌支线	1.2	1.2	1.3	1.4	1.4
	涩宁兰管道系统	42.9	43.3	44.2	41.4	40.5
	其他	0.5	0.4	0.5	0.4	0.5
	合计	57.2	57.4	57.4	55.6	54.1

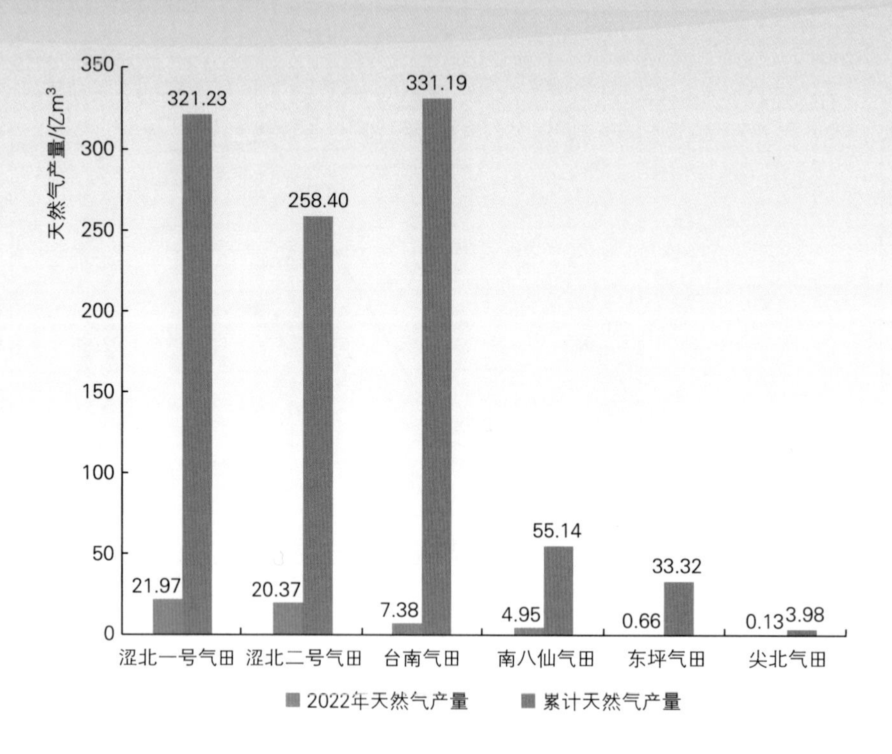

图 8.2　2022 年青海省主要气田天然气产量

省内天然气消费稳中有降

2022 年，青海省天然气消费量 36.8 亿 m³，同比下降 3.4%（见图 8.3）。其中，居民生活消费 6 亿 m³，占比 16.3%；工业原料消费 14.2 亿 m³，占比 38.6%。

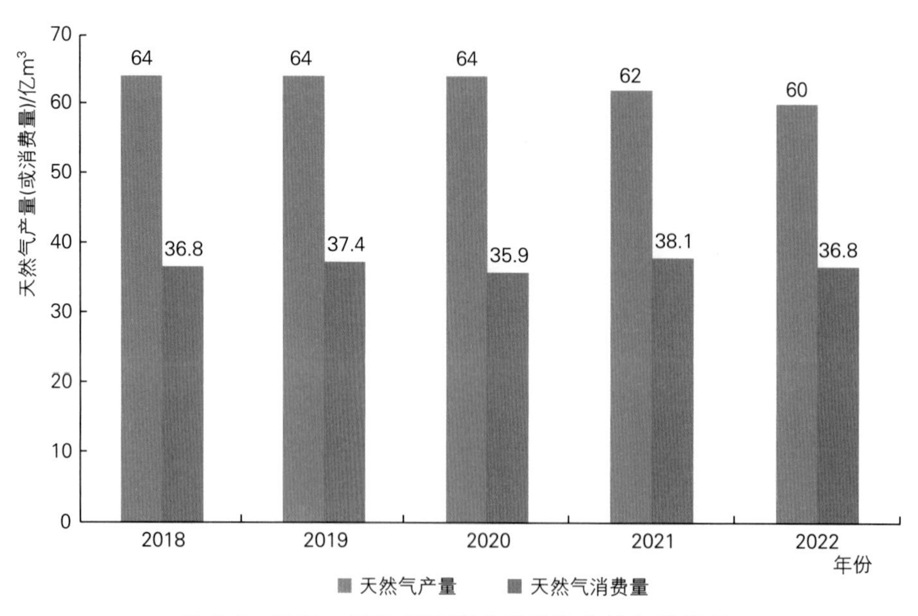

图 8.3　2018—2022 年青海省天然气产量与消费量

8.3 前期管理

地方政府及城镇燃气企业储气能力加快建设

2022 年 6 月，青海省人民政府发布《关于印发贯彻落实国务院扎实稳住经济一揽子政策措施实施方案的通知》（青政〔2022〕24 号），明确应加快地方政府日均 3 天用气量储气能力建设，2022 年建成政府储气设施 7 座，形成 3600 万 m^3 政府储气能力并开展天然气收储工作。加强与中国石油吐哈油田公司的合作，积极推进温吉桑储气库项目建设，力争新增政府储气能力 3000 万 m^3 以上。督促城镇燃气企业年用气量 5%储气能力建设，到年底具备 1.38 亿 m^3 城镇燃气企业储气能力。

统筹大型风光基地建设及天然气资源分布，合理新增布局燃气电站

2022 年 7 月，青海省发展改革委、青海省能源局印发《青海省关于完善能源绿色低碳转型体制机制和政策措施的意见》（青发改能源〔2022〕553 号），明确应重点推动沙漠、戈壁、荒漠地区为重点的大型风电光伏基地建设，统筹考虑全省天然气与煤炭资源分布，以及省内与省外两个市场，合理新增布局燃气电站与燃煤电站。并应制定天然气储气调峰设施运营管理办法，建立地方政府、供气企业、管输企业、城镇燃气企业各负其责的多层次天然气储气调峰和应急体系。

启动格尔木燃气电站，统筹推动 200 万 kW 及更大规模燃气电站前期工作

2022 年 9 月，青海省人民政府办公厅印发《青海打造国家清洁能源产业高地 2022 年工作要点》（青政办函〔2022〕153 号）指出，启动青海油田格尔木 30 万 kW 燃气电站经济性研究，年内开工建设。结合第二条特高压外送通道规划建设，统筹推动 200 万 kW 及更大规模燃气电站前期工作，力争开工建设。加快乐都区、格尔木市二期储气站项目建设进度，全面完成地方政府储气任务。与中国石油吐哈油田公司签订温吉桑地下储气库框架协议，加快剩余中央预算内资金支出进度。

8.4 发展趋势及特点

冬季天然气保供节奏不变、力度不减

青海油田是甘肃省、青海省、西藏自治区主要气源地和西气东输管道的主要战略接替气源之一，冬季供暖期天然气“压非保民”的供应保障压力大，季节调峰矛盾较为突出。未来还将继续当好能源保供“顶梁柱”，站好排头做“先锋”，兜住保民生、促发展、固国防的基础底线。

大基地建设调峰气电需求突出

按照“双碳”目标要求，未来我国电力供应增长主要以新能源为主。在青海省大规模新能源基地建设过程中，解决好调峰支撑电源是未来工作的重中之重。发挥燃气电站深度应急调峰和快速启停等优势，结合青海省天然气资源优势，启动青海油田格尔木 30 万 kW 燃气电站，统筹推动更大规模燃气电站布局势在必行。天然气调峰气电与新能源实现融合发展，有助于实现能源清洁化与能源安全双重目标，对青海省实现“双碳”目标、打造国家清洁能源产业高地具有重要的推动作用。

天然气管道掺氢应用已成为热潮

当前氢能储运环节仍是氢能产业链发展短板，天然气掺混氢气有利于氢的低成本储运和规模化应用。青海省具有丰富的可再生能源资源及优越的天然气管网基础设施条件，通过可再生能源制氢及天然气管道掺氢技术，既能解决大规模可再生能源消纳，又能高效低成本输送氢气，未来天然气掺氢应用在青海必会得到稳健发展。

8.5 发展建议

倍增天然气，建成柴达木盆地国家级油气资源战略接替区

以全面建成柴达木千万吨级当量高原油气田为目标，加大东坪、涩北、尖北等气田开

发力度，并在较长时期内保持稳产。构建以格尔木为中心的青藏高原油气供应网络，确保甘肃省、青海省、西藏自治区油气稳定供应。在油气勘探开发方面，持续提升油气勘探技术，主攻有利区带，寻找接替领域，确保老区稳产和新区高效建产同步，不断提升柴达木盆地国家级油气资源战略接替区的发展站位。在外送方面，统筹推进全省天然气管道建设，扩大管网规模和覆盖范围，更好地满足人民高品质生产生活需要；融入国家中长期油气管网规划，推动青藏线等互联互通，并利用西气东送三线、四线规划建设契机，探索对外增送渠道。

积极开展以气电为支撑电源的新能源基地外送方案研究

紧抓国家“沙戈荒”大基地建设政策，依托青海省丰富的天然气资源及燃气电站运行灵活、启停迅速、调峰能力强的优点，同时结合青海省丰富的风光资源及土地资源，研究打造以“气电”为支撑电源，以“新能源+储能”为供电电源的“沙戈荒”外送基地，助力青海省实现碳达峰碳中和目标，并积极研究天然气调峰气电气源供应保障与价格疏导协同机制。

积极开展天然气管道掺氢示范项目建设

氢能是未来国家能源体系的重要组成部分，也是用能终端实现绿色低碳转型的重要载体。依托青海省丰富的可再生能源资源及优越的天然气管网基础设施条件，在西宁市甘河工业园区管网、涩宁兰天然气管网支线探索天然气管道掺氢示范应用，为将来建设至中东部发达省份的纯氢输送管道建设打下坚实基础。

9

新型储能

9.1 发展基础

国家清洁能源产业高地建设迫切需求

“十四五”期间，青海省光伏、风电装机规模持续快速增长，新能源消纳和限电问题日益严峻，探索出一条改善消纳和限电问题的技术路径是助力国家清洁能源产业高地建设的迫切需求。新型储能作为支撑新型电力系统的重要技术和基础装备，可以有效缓解新能源消纳能力受限和电力平衡保障难度大的问题，助力国家清洁能源产业高地建设。为此，青海省着力打造国家储能发展先行示范区，先后出台了《青海省“十四五”储能发展规划》《青海省国家储能发展先行示范区行动方案（2021—2023年）》《青海省国家储能发展先行示范区行动方案2022年度工作要点》等多项支持政策促进新型储能发展。

盐湖锂资源得天独厚

2022年，全国锂离子电池约占新型储能装机的94.4%，是新型储能最主要的技术路线。青海省锂矿资源储量约占全国锂矿资源储量的47.07%，全国近半数的锂矿资源分布在青海省境内，锂矿资源位居全国第一，是我国名副其实的锂资源大省。依托丰富的盐湖锂资源，青海省已构建形成“碳酸锂—正负极材料—储能/动力锂电池”较为完整的上下游一体化锂电产业链，目前已建成碳酸锂产能12万t，正极材料产能6.8万t，负极材料产能6.5万t，锂电池产能32.25GW·h。重点企业包括青海弗迪电池有限公司、青海时代新能源科技有限公司、青海泰丰先行锂能科技有限公司等。

9.2 发展现状

装机规模稳步增长

2022年青海省新增电化学储能电站1座，装机规模10万kW/20万kW·h，同比增长

20.7%。截至 2022 年底，青海省已建成投运电化学储能项目 14 个，储能容量达 48.2 万 kW/73.3 万 kW · h（见图 9.1），平均储能时长约 1.5h。

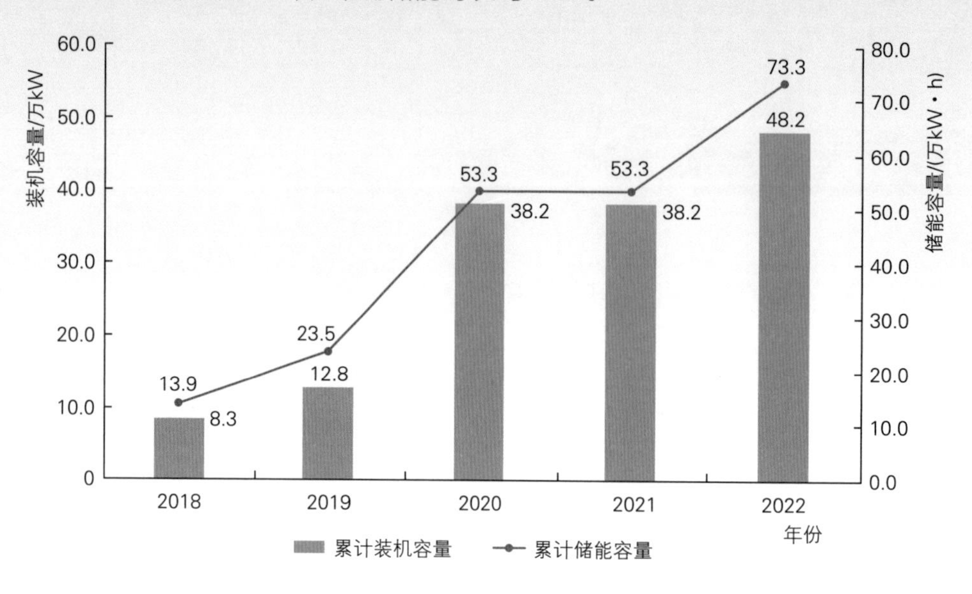

图 9.1　2018—2022 年新型储能装机规模变化情况

锂离子电池占比高于全国平均水平

截至 2022 年底，青海省已建新型储能主要为锂离子电池和液流电池，其中锂离子电池储能装机规模和容量规模占比 99.5%/98.2%，平均储能时长 1.5h，装机规模高出全国平均水平 5.1 个百分点；液流电池储能装机规模和容量规模占比 0.5%/1.8%（见图 9.2），

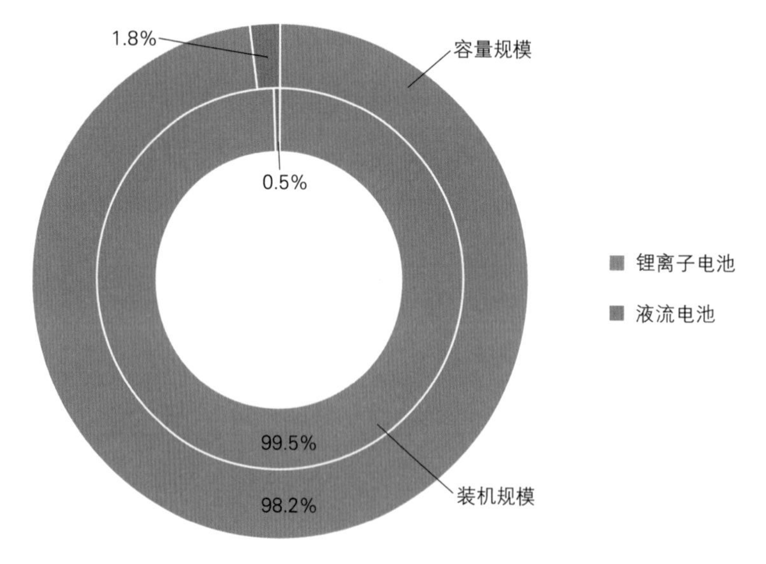

图 9.2　2022 年青海省已建新型储能类型占比情况

平均储能时长 5h。 2022 年新增投运 1 座储能电站，为电化学储能（磷酸铁锂）电站。

电网侧储能主体地位进一步提升

青海省已建成储能电站 14 座，其中电网侧储能电站 3 座，总规模为 18.2 万 kW/36.4 万 kW · h，装机占全省总规模的 37.7%，容量占全省总规模的 49.7%（见图 9.3），分别比 2021 年提升 20 个和 27 个百分点。 2022 年，青海省新增电网侧储能电站 1 座，规模为 10 万 kW/20 万 kW · h。 电网侧储能可由电网统一调度，实现更大范围的资源优化配置，并可参与电力辅助服务市场，在提升新能源消纳水平的同时还可以提高项目收益。

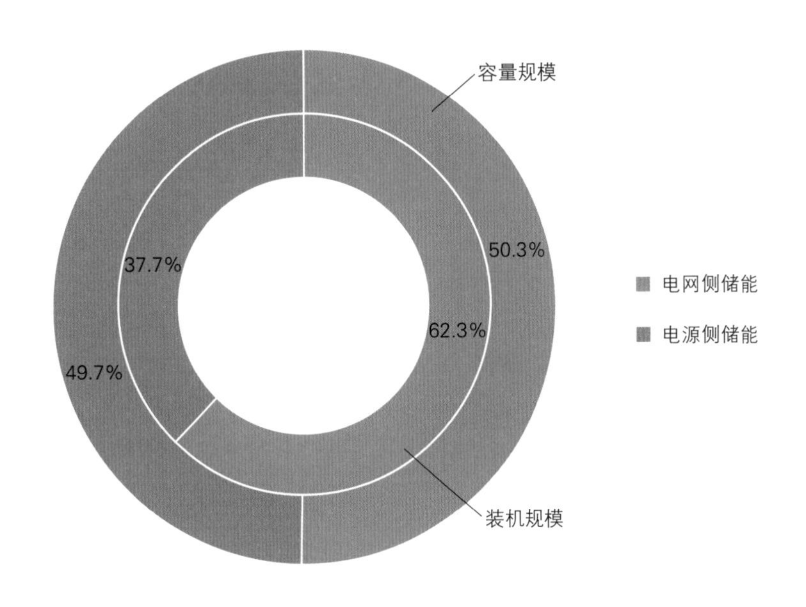

图 9.3　2022 年青海省新型储能建设场景情况

新型储能全部集中于海南藏族自治州和海西蒙古族藏族自治州

分市（州）看，青海省已建成储能电站全部集中于海南藏族自治州和海西蒙古族藏族自治州。 其中海南藏族自治州建成储能电站 8 座，储能规模 27.5 万 kW/32.7 万 kW · h，占全省比例为 57.0%/44.6%（见图 9.4），平均储能时长 1.2h，全部为电源侧储能项目。 海西蒙古族藏族自治州建成储能电站 6 座，储能规模 20.7 万 kW/40.6 万 kW · h，占全省比例为 43.0%/55.4%，平均储能时长 2h，储能应用场景涉及电源侧储能和电网侧储能，特别是全省所有电网侧储能电站均集中在海西蒙古族藏族自治州。

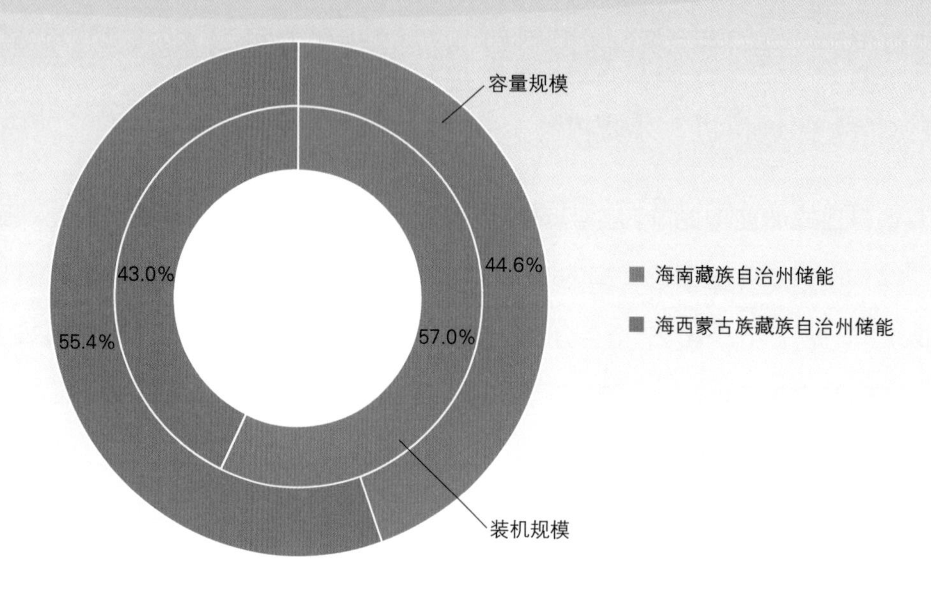

图 9.4　2022 年青海省各市（州）新型储能建设情况

9.3　前期管理

海南藏族自治州多元储能先行示范区建设

2022 年 2 月，海南藏族自治州组织编制《青海省海南州多元储能先行示范区规划》，依托清洁能源资源优势，构建以流域梯级储能为长周期调节、抽水蓄能和长时电化学储能为中周期调节、短时电化学储能为短周期调节的多元互补储能体系，建设全球最大的储能园区。

加快推进新型储能建设

2022 年 7 月，青海省发展改革委印发《青海省国家储能发展先行示范区行动方案 2022 年工作要点》（青发改能源〔2022〕520 号），从努力营造储能发展政策环境、积极推动多元储能设施建设、着力打造储能产业创新高地等三个方面提出工作方向与要求，探索以“四统一”模式建设电网侧大规模电化学共享储能电站。

新型储能配置要求进一步明确

2022 年 11 月，青海省能源局印发《青海省电力源网荷储一体化项目管理办法（试

行）》（青能新能〔2022〕177 号），从电源、并网、负荷、储能、运行、纳规程序、核准备案程序、验收监管、变更程序等方面对源网荷储一体化项目提出要求。原则上电源侧按照配套新能源装机规模的 15%、2h 配置储能，负荷侧按照用电负荷的 5%、2h 建设储能设施。

“揭榜挂帅”促进新型储能多元化发展

为吸引更多社会资源参与储能技术研究和产业创新，推动多元化技术开发示范应用，加快打造国家储能发展先行示范区，2022 年，青海省以“揭榜挂帅”方式推进压缩空气、新能源制氢用氢、储热发电等 4 类 10 个试点示范项目建设，其中压缩空气储能达 240 万 kW · h。

9.4 发展趋势及特点

电化学储能一枝独秀，增长规模低于预期

2022 年新增并网电化学储能电站 1 座，装机规模 10 万 kW/20 万 kW · h，同比增长 26.1%，建设规模低于《青海省国家储能发展先行示范区行动方案 2022 年工作要点》的规划预期。截至 2022 年底，青海省电化学储能项目已建成投运 14 个，储能装机规模达 48.2 万 kW/73.3 万 kW · h，全部为电化学储能。

新型储能发展逐渐清晰，技术多元化发展态势明显

全国已有 24 个省份明确了“十四五”新型储能建设目标，规模总计 64.85GW；10 个省份先后发布了新型储能示范项目清单，规模总计 22.2GW。青海省“十四五”新型储能建设规模约 6GW，示范项目规模 1.83GW，示范项目中电化学储能电站约 1.22GW，其他储能电站约 0.61GW，形成锂离子电池储能、压缩空气储能、液流电池储能、熔盐储能供热等多种新型储能技术并存的发展态势。

主流储能技术取得重大突破，产业化推动快速降本

2022 年全国新增投运新型储能项目功率规模首次突破 7GW，能量规模首次突破

15GW·h。百兆瓦级项目成为常态。锂离子电池材料制备、液冷散热、能量管理等技术取得突破，首个大型压缩空气储能电站——江苏金坛盐穴压缩空气储能电站并网成功，全球容量最大的液流电池储能电站——大连恒流储能电站Ⅰ期工程正式并网运行，主流储能技术取得重大突破。通过产业化推进形成的规模降本效应，电化学储能、压缩空气储能项目成本下降超 20%，进一步促进新型储能向好发展。

9.5 发展建议

按需建设储能，推动各类型、多元化储能科学配置

按照“以需求定规模、以发展定类型、以条件定布局、以市场定模式、以内外改革定政策”总体目标，根据电力系统需求，统筹各类调节资源建设，组织开展全省储能配置研究，因地制宜推动各类型、多元化储能科学配置，形成多时间尺度、多应用场景的电力调节能力，更好保障电力系统安全稳定灵活运行，改善新能源出力特性和负荷特性，支撑高比例新能源外送。

进一步完善新型储能的政策和市场配套机制

加快推进电力中长期交易市场、电力现货市场、辅助服务市场等建设进度，推动储能作为独立主体参与各类电力市场。研究新型储能参与电力市场的准入条件、交易机制和技术标准，明确相关交易、调度、结算细则。推动新型储能以独立电站、储能聚合商、虚拟电厂等多种形式参与辅助服务，因地制宜完善电力辅助服务补偿机制，丰富辅助服务交易品种。降低储能参与电力市场准入门槛。鼓励电源侧、用户侧建设规模化的储能设施参与全网共享。

灵活发展用户侧新型储能

鼓励具备条件的用户配置新型储能，实现用户侧新型储能灵活多样发展，探索储能融合发展新场景，提升负荷响应能力，提高用能质量和效率，拓展新型储能应用领域和应用模式。围绕大数据中心、5G 基站、工业园区、公路服务区等终端用户，探索智慧电厂、虚

拟电厂等“新型储能＋”多元融合应用场景和商业模式。 积极推动不间断电源、充换电设施等用户侧分散式储能设施建设，探索推广电动汽车双向互动智能充放电技术应用，提升用户侧灵活调节能力和智能高效用电水平。

开展多元化储能示范应用

以“揭榜挂帅”方式调动企业、高校及科研院所等各方面的积极性，主动参与国家储能示范项目申报，推动储能材料、单元、模块、系统、安全等基础技术攻关。 开展压缩空气、液流电池、飞轮等大容量储能技术，钠离子电池、水系电池等高安全性储能技术，固态锂离子电池等新一代高能量密度储能技术试点示范，拓展储氢、储热、储冷等应用领域。 结合系统需求推动多种技术联合应用，开展复合型储能试点示范。

10

氢能

10.1 发展现状

青海省风能、太阳能、水能等清洁能源丰富，可开发利用土地资源广阔，盐湖资源居全国首位，随着新能源制氢技术的不断进步，具备良好的氢能产业发展条件。青海省氢能产业上游资源优势较为突出，中游及下游尚处于起步阶段，氢燃料电池技术和关键材料产业存在短板，氢气产能主要以天然气制氢为主，制备规模及应用领域相对有限。总体看，青海省氢能产业发展尚处于培育期。

强化顶层设计，产业发展逐步提速

受经济发展基础相对薄弱因素影响，青海省氢气的上游制备及下游应用相对有限，中游储运、加氢等基础设施基本处于零基础，氢能产业链尚未形成。2022年，青海省发展改革委、青海省能源局发布《青海省氢能产业发展中长期规划（2022—2035年）》，明确加强顶层设计，夯实氢能产业发展基础，明确氢能制、储、运、用等产业链各环节发展思路及重点任务，力争将青海省打造为以绿氢供应为主，氢能与工业、交通、能源等多领域融合发展的全国绿氢产业高地。同时青海省还以“揭榜挂帅”形式开展制氢、用氢示范项目，企业全力构建技术、产业、应用融合发展的氢能产业生态圈，各有关企业积极布局示范项目，青海省氢能产业发展逐步提速。

资源禀赋优异，绿氢生产基础良好

青海省水电资源、太阳能资源、风能资源丰富，清洁能源开发可利用荒漠化土地广阔。截至2022年底，青海省清洁能源装机占比91.2%，新能源装机占比63%，位居全国第一。预计到2025年，风电、光伏发电装机容量达5850万kW，丰富的清洁能源和土地资源为构建“清洁能源—绿氢”产业链提供了得天独厚的资源条件。

潜在应用场景丰富，绿氢消纳途径多元

工业领域，绿氢是重要的工业脱碳载体，青海省盐湖资源丰富、冶金产业基础良好，

可在西宁、海东、海西工业集聚区开展绿氢化工、氢冶金、晶硅领域绿氢替代灰氢示范；交通领域，可在经济活动较为集中的西宁和海东等地区开展燃料电池公交车、物流车应用示范，可在青海湖、塔尔寺等重点景区推广应用氢燃料电池大巴车，在具备条件的矿区开展氢能重卡示范；能源领域，将氢能作为重要储能手段，可开展风光氢储一体化示范。

制氢应用规模及场景相对有限

截至 2022 年底，青海省氢气产能主要来自天然气制氢、工业副产氢以及少量的电解水制氢，以灰氢为主，年产量基本稳定在 9 万 t 左右，应用于化工、冶金等领域，其中约 8 万 t 天然气制氢集中应用于化肥生产行业。总体来看，青海省目前制氢规模有限，氢能应用场景单一，绿氢潜在的供应能力与相对有限的本地绿氢需求之间的矛盾短期内较为突出。

10.2　发展趋势及特点

确定产业发展目标

近期（2022—2025 年）：氢能产业培育期。基本建成适合青海省特色的氢能发展政策体系和管理体制，应用示范渐次落地，绿氢装备制造实现零的突破，产业基地初显雏形，氢能产业培育初见成效。到 2025 年，绿氢生产能力达 4 万 t 左右，建设绿电制氢示范项目不少于 5 个，燃料电池车运营数量不少于 150 辆，矿区氢能重卡不少于 100 辆，建设 3～4 座加氢示范站（包括合建站）。在化工、冶金、能源等领域开展绿氢示范应用。引进或培育 10 家氢能企业，绿氢全产业链产值达到 35 亿元。

中期（2026—2030 年）：氢能产业成长期。产业链趋于完善，初步建立氢能产业集群，应用场景进一步扩大。到 2030 年，绿氢生产能力达到 30 万 t，绿氢在储能、化工、冶金、天然气掺氢管线等领域示范应用取得实效，氢能汽车规模超过 1000 辆，加氢站（包括合建站）超过 15 座，力争建成 1 个园区内天然气管线掺氢示范项目。引进或培育 50 家氢能企业，绿氢全产业链产值达到 160 亿元。到 2030 年底，燃料电池动力系统成本降至 3000 元/kW。

远期（2031—2035 年）：氢能产业壮大期。形成国内领先的氢能制取、储运和应用一体化发展产业集群，构建氢能产业高质量发展格局。到 2035 年，绿氢生产能力达到 100 万 t，实现绿氢在工业、交通、能源等领域大规模应用，远距离纯氢外输管道规划建设取得实质性进展。引进或培育氢能企业超过 100 家，绿氢全产业链产值达到 500 亿元。

明确发展思路与空间布局

目前青海省已明确氢能产业发展思路，以上游绿氢资源推动下游市场需求，以基础设施先行推动终端推广应用，以多点示范带动产业规模化发展，以绿电制氢促进产业融合发展，通过强化产学研用、优化上游制氢模式、加强中游基础设施建设、扩大下游应用示范、延伸氢能产业链等多种方式，推动氢能全产业链高质量发展。

按照统筹规划、集约集聚、科学引领、协同发展的思路，着力打造“中国氢海”品牌，建设绿氢创新工程技术研究中心，谋划海西蒙古族藏族自治州工业园区、西宁市经济技术开发区生物科技产业园区和海东市青海零碳产业园区绿氢装备制造产业集群、氢储能材料及装备制造产业集群，布局西宁市、海西蒙古族藏族自治州、海南藏族自治州三大绿氢生产基地，推动氢燃料电池车运营、氢能重卡、绿氢化工、氢能冶金、氢能牧区示范，构建“一个品牌、一个中心、两个集群、三个基地、五个示范区”的“11235”发展格局。

细化产业发展行动方案和促进措施

2022 年青海省发展改革委、青海省能源局发布《青海省氢能产业发展三年行动方案（2023—2025 年）》（青发改高技〔2022〕877 号）、《青海省促进氢能产业发展的若干政策措施》（青发改高技〔2022〕890 号），围绕大力发展清洁能源制氢、创新大规模高效储运技术、探索氢能多元化应用场景、深耕氢能产业链中上游、构建技术创新平台等五方面内容，细化氢能产业近期发展目标、相关重大项目布局及推进进度，并针对优化氢能发展环境、支持关键技术攻关、支持先行试点示范、推广氢燃料汽车应用、降低生产用电成本、强化土地要素保障和资金支持、强化人才引进培养等十二方面制定促进措施，明确落实责任主体，积极引领氢能产业高质量稳步发展。

企业加速布局，绿氢产业发展潜力大

目前中国华电集团有限公司、国网青海省电力公司、中国石油天然气股份有限公司、

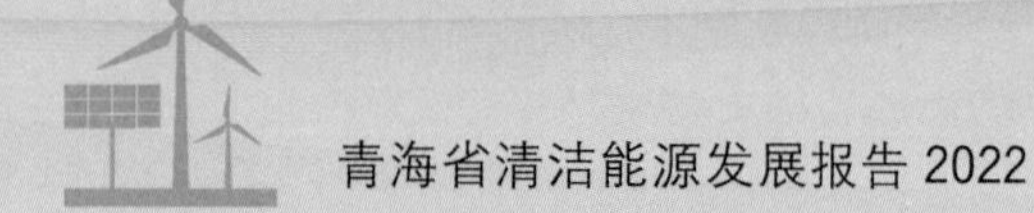

中国石油化工集团有限公司、国家能源投资集团有限责任公司等多家大型国有能源企业在青海省规划布局了一批清洁能源制氢、氢电耦合、氢能“制储加用”一体化示范应用项目，主要分布在西宁市和海西蒙古族藏族自治州，预计“十四五”期间规划投资总额超过百亿，同时以青海盐湖工业股份有限公司、西宁特殊钢股份有限公司、亚洲硅业（青海）股份有限公司为代表的本地龙头企业，正在积极谋划工业领域开展绿氢替代，为氢能开发、技术创新及产业示范应用创造发展机遇。

绿氢示范项目逐步落地

经过近两年的培育，青海省氢能产业发展逐步由规划布局阶段向开工建设阶段转变，有效形成产业投资。“氢装上阵（海东）碳中和物联产业园氢油电超级能源中心”项目、“华电德令哈 3MW 光伏制氢”项目在 2022 年开工建设，标志着青海省绿氢产业发展迈出重要一步。 项目涉及“制、储、输、用”等多产业链条，项目的建设和运营将为青海省和高海拔地区氢能产业发展提供宝贵经验，有效促进地区经济和产业发展。

10.3 发展建议

强化协调协作落实

建立青海省氢能产业发展协作机制，全面落实政府、企业主体责任，统筹推进青海省氢能产业发展，科学谋划和合理布局上、中、下游氢能产业发展项目，协调规划实施、项目推进、基础设施建设、用地保障、财政支持、技术创新、试点示范等各项工作，推进氢能产业创新、布局、市场、管理、人才等方面的协同发展，有效支撑规划项目落地。

加大氢能全产业链的试点示范与推广

依托青海省丰富的新能源资源优势，结合电解水制氢技术进步，鼓励各市（州）结合产业基础及应用场景等优势，统筹考虑氢能供应能力、产业基础和市场空间，与技术创新水平相适应，围绕绿氢制取、氢能交通、绿氢工业等方面，有序开展氢能技术创新

与产业应用示范，同时按照“探索示范、总结推广”的思路，对示范工程推进过程中效果显著的新技术、新模式、新业态进行总结，结合实际情况进一步扩大应用范围，带动产业发展。

推动纯氢管道示范工程建设

打造青海省纯氢管道示范工程，整合省内制氢、用氢沿线重要战略点，打造青海省氢能经济走廊主要氢能储运通道，形成青海省内局域管网，做到有效利用工业副产氢、高效输送绿氢、逐步替代灰氢。管网终端用于目标区域供应化工、交通用氢等，实现省内绿氢资源跨区域外送。利用局部管网为载体，推动青海省制氢与用氢端产业高效协同发展。示范项目的实施同时为我国西部地区绿氢长距离输送和应用提供示范解决方案和建设运行经验。

推动“风、光、氢、产”耦合发展

外送受特高压廊道资源等因素制约，青海省电力领域消纳空间难以匹配新能源资源优势，亟待拓展新的消纳转化路径。建议在新能源开发建设条件好、工业基础和生产要素完备的地区，充分发挥氢能的能源载体和工业原料双重特性，构建“风、光、氢、产”一体化发展模式，打造全国一流的绿色工业产品输出基地，探索绿色清洁电力转换为载能型工业产品向省外输出，推动青海省新能源、氢能、工业互补协同发展。

融合绿氢与交通、石化产业一体化发展

构建交通应用氢能产业链，推动公交公司与能源央企组建氢能公司，在公共交通领域大力推广氢燃料电池汽车，建设集加油站、加氢站、充电桩为一体的综合能源服务站；构建石化应用氢能产业链。加强与石油化工能源领域的战略合作，实施绿氢耦合二氧化碳制甲醇项目，探索突破天然气管道掺氢、燃机掺氢经济性瓶颈，开展绿氢合成氨、氧气综合利用等石化应用项目试点。

加快构建安全体系

构建氢能产业安全生产监督管理体系，研究制定氢能突发事件处置预案、处置技术和

作业规程，及时有效应对各类安全风险。落实企业安全生产主体责任和部门安全监管责任，建立健全安全风险分级管控和隐患排查治理双重预防机制，增强氢能制备、储运、加注、应用等环节的安全风险意识，探索制定大规模清洁能源制氢、储氢、运氢等领域的安全标准，有效保障氢能产业安全高质量发展。

11

电网

11.1 发展现状

用电负荷增长较快

2022 年青海全省经济运行总体平稳，市场需求总体保持稳定，青海省经济社会呈现大局稳、民生实、质量优的良好态势，主要经济指标增速持续回升，新动能加速成长，民生保障有力，生态环境持续向好。2022 年，青海省全年最大用电负荷 1206 万 kW，较 2021 年增长 7.4%（见图 11.1）；全社会用电量 922.5 亿 kW·h，同比增长 7.5%（见图 11.2）。其中西宁地区大工业负荷增长较快，最大负荷、日用电量均 17 次创新高。

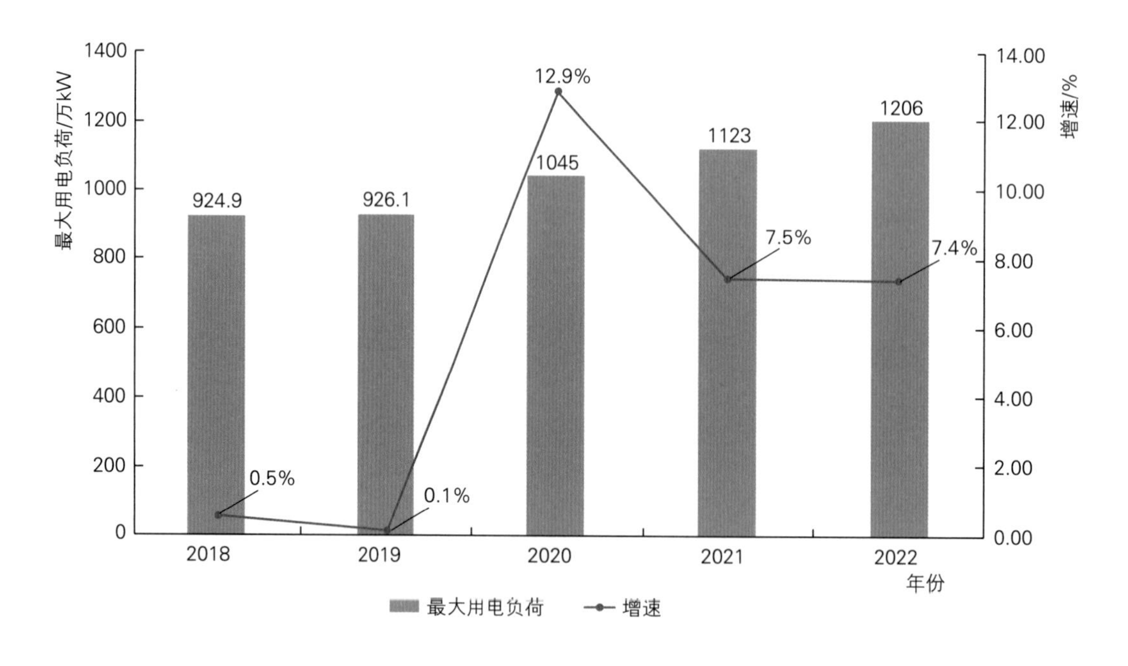

图 11.1 2018—2022 年青海电网最大用电负荷

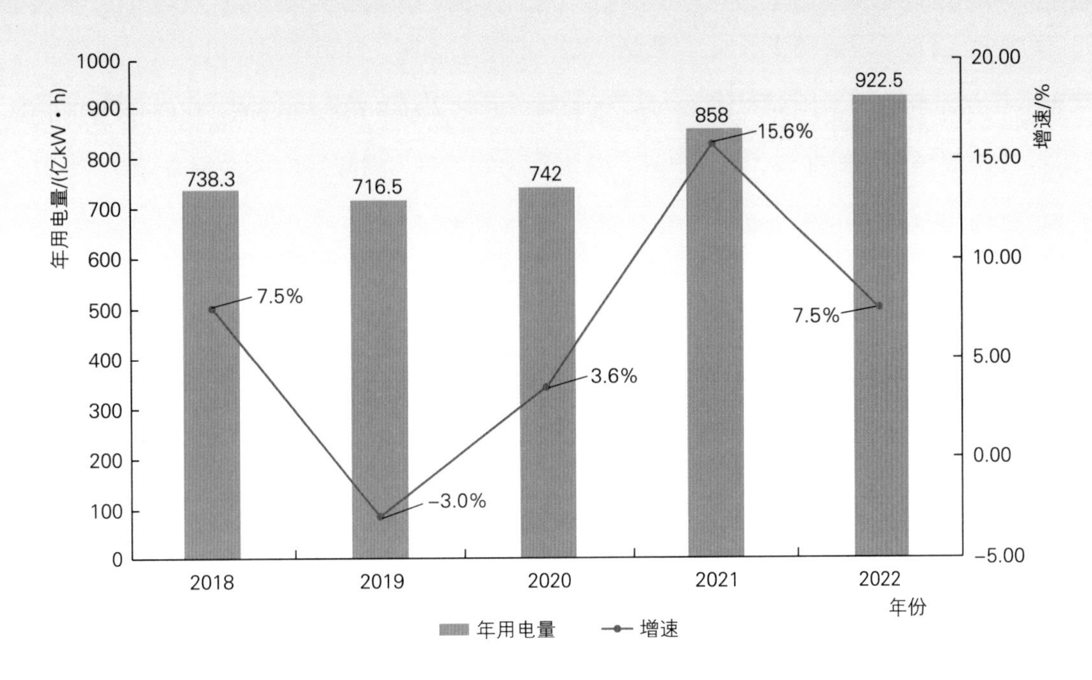

图 11.2　2018—2022 年青海省全社会用电量

电网结构呈“东密西疏”分布特点

青海电网是西北电网的重要组成部分，交流电网最高电压等级为 750kV，主网电压等级为 750kV/330kV。目前电网已覆盖西宁市、海东市、海南藏族自治州、海北藏族自治州、黄南藏族自治州、海西蒙古族藏族自治州，以及果洛藏族自治州、玉树藏族自治州大部，其中西宁市和海东市是省内电网的核心地区。截至 2022 年底，青海电网通过 7 回 750kV 交流线路与西北主网相连，通过 1 回 ±800kV 直流线路与河南电网相连，通过 1 回 ±400kV 直流线路与西藏电网相连。省内中西部 750kV 电网形成鱼卡—托素—海西—日月山—塔拉—海西—柴达木“8”字形双环网结构，东部电网形成拉西瓦—西宁—官亭三角环网，南部 750kV 电网形成青南—塔拉—日月山—西宁环网。通过 7 回 750kV 联络线与甘肃电网相连，分别为官亭—兰州东双回、郭隆—武胜三回以及鱼卡—沙洲双回。330kV 东部电网以双环网为主，中西部以单环网和辐射周边区域为主，省内电网整体呈现“东密西疏”的特点。

网架结构不断加强

2022 年，青海电网建成投运托素、杜鹃等 750kV 输变电工程，青海省内东部“日”字形 750kV 坚强骨干网架初步形成。 新增 330kV 变电站 7 座、分布式调相机 6 台，有效提升了电力保供及新能源送出能力。 建成投运郭隆—武胜 750kV 第三回通道，青海与西北主网 750kV 交流联络通道增加至 7 回，电网互济水平大幅提升，省际受电能力提升 180 万 kW，增幅 25%，新能源外送能力提升 345 万 kW，增幅 16%。

2022 年，青海省新增 330kV 及以上变电容量 2196 万 kVA，其中新增 330kV 变电容量 216 万 kVA，新增 750kV 变电容量 1980 万 kVA。 截至 2022 年底，青海省 330kV 及以上变电容量总计 9964 万 kVA，同比增长 28.3%，其中交流变电容量 8874 万 kVA，直流换流容量 1090 万 kW。

2022 年，青海省新增 330kV 及以上交流输电线路 825km，其中 330kV 线路 295km，750kV 线路 530km。 截至 2022 年底，青海省 330kV 及以上输电线路长度总计 13776 万 km，同比增长 6.4%，其中，交流线路 12098km，直流线路 1678km。

省间及跨省区外送电量持续提升

2022 年，青豫直流外送电量 98.6 亿 kW · h，同比增长 11.7%。 受黄河来水偏枯影响，青海省省间及跨省区外送电量较大幅度下降，约 208.7 亿 kW · h，同比降低 15.2%。 其中，水电净外送电量 46.9 亿 kW · h，同比下降 54.5%；新能源净外送电量 123.2 亿 kW · h，同比增长 23.1%。

2022 年，青海省外购电量 139.6 亿 kW · h，同比提高 20.8%，创历史新高。

11.2 电网运行

电力技术经济指标略有下降

2022 年，青海省煤电年平均利用小时数 3923h，较 2021 年增长 267h，增幅为 7.3%（见图 11.3）。 青海电网线损率 3.08%，较 2021 年提高 0.81 个百分点。 青海省电厂发电标准煤耗 304.33g/（kW · h）、供电标准煤耗 323.53g/（kW · h），水电、煤电的厂用电率分别为 0.47%、6.05%，较 2021 年分别增长 0.27 个百分点、降低 0.21 个百分点。

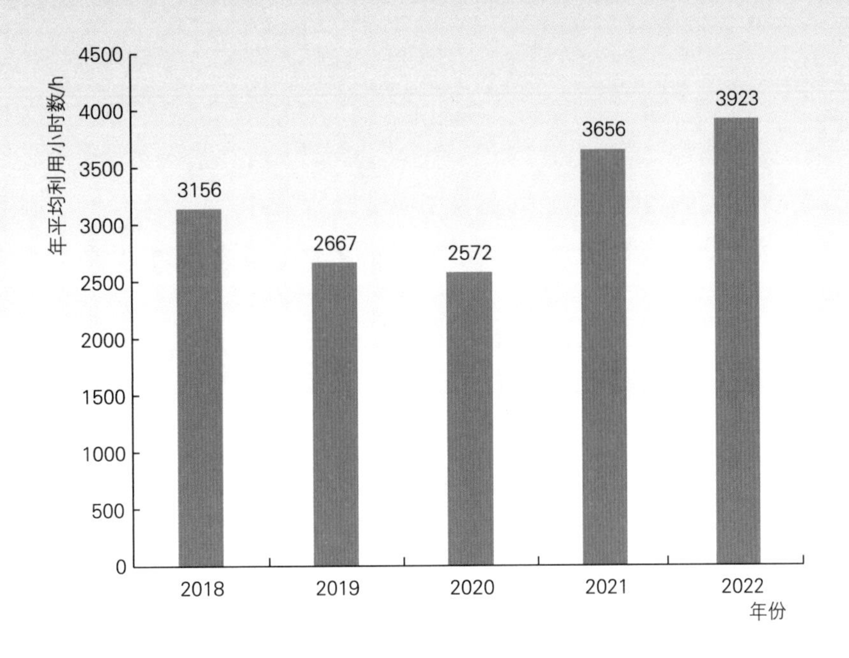

图 11.3 2018—2022 年青海省煤电年平均利用小时数

电价及输配电价处于全国较低水平

2022 年，青海省居民生活用电电价 0.377 元/(kW · h)[1]，农业生产用电电价 0.3417 元/(kW · h)。

2022 年，青海省燃煤火电基准上网电价为 0.3247 元/(kW · h)，风电、光伏发电平价上网电价为 0.2277 元/(kW · h)；青海电网 110kV、35kV、10kV 大工业用电输配电价分别为 0.0659 元/(kW · h)、0.0759 元/(kW · h)、0.0859 元/(kW · h)，处于全国较低水平（见图 11.4）。

继续开展省间辅助服务市场交易

2022 年，青海省与陕西、甘肃、宁夏等开展跨省调峰辅助服务，新能源增发电量 2597 万 kW · h。380 座新能源电站参与储能辅助服务市场交易，充电 5028 万 kW · h，放电 4221 万 kW · h，调峰辅助服务费用 2595 万元，煤电深调电量 130 万 kW · h，调峰费用 38.8 万元，缓解电网调峰压力，实现多方共赢。

---

[1] 含国家重大水利工程建设基金；除农业生产用电外，均含大中型水库移民后期扶持基金，清洁能源电价附加。

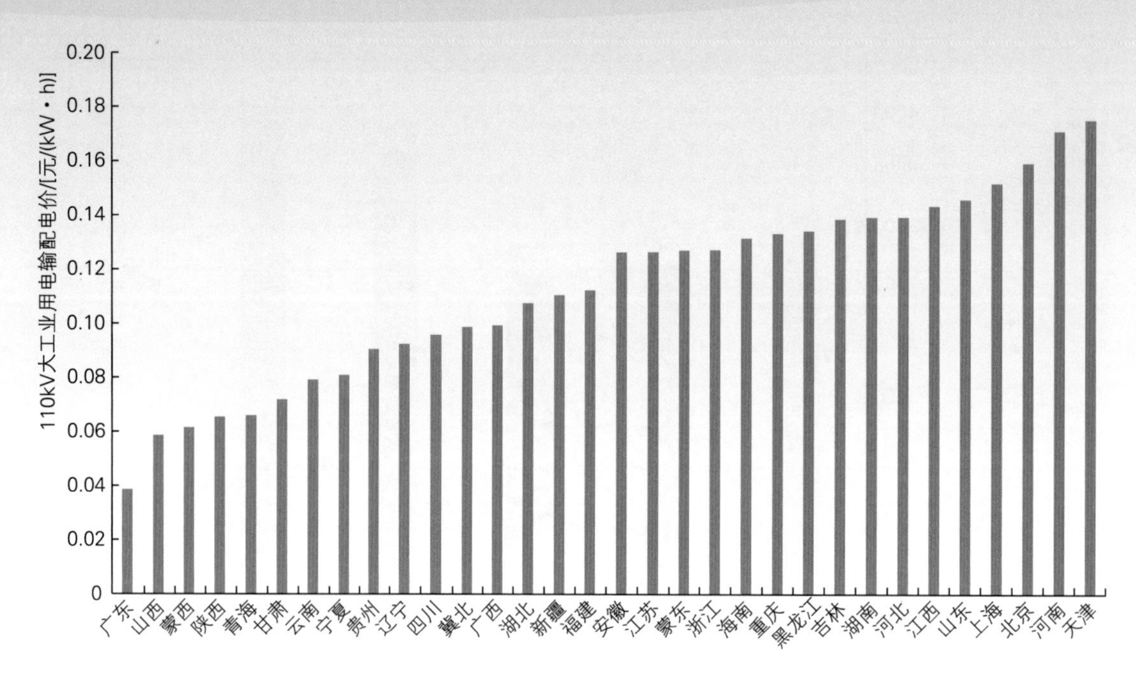

图 11.4 全国 110kV 大工业用电输配电价图

“绿电行动”持续刷新世界纪录

2022 年 6 月 25 日至 7 月 29 日，青海省开展为期 35 天的“绿电 5 周”全清洁能源供电活动，以清洁能源发电能力满足全省用电需求，减排二氧化碳 816 万 t，全清洁能源供电时长刷新世界纪录。

11.3 重点工程

托素（德令哈）750kV 输变电工程

2022 年，建成投运托素（德令哈）750kV 输变电工程、西宁北（杜鹃）750kV 输变电工程等重大电网工程，青海省内东南部“日”字形 750kV 坚强骨干网架初步形成。

郭隆—武胜第三回 750kV 线路工程

建成投运郭隆—武胜第三回 750kV 线路工程，青海省与西北主网 750kV 交流联络通道增加至 7 回，接受省外来电能力提升至 900 万 kW，外送电能力提升至 970 万 kW，电网互

济水平大幅提升。

特高压直流工程研究论证工作

按照国家发展改革委、国家能源局《以沙漠、戈壁、荒漠地区为重点的大型风电光伏基地布局规划》部署，研究制定《“十四五”青海省海南州戈壁基地实施方案》，并已获国家发展改革委批复，青海海南特高压直流工程研究论证工作取得阶段性成果。开展了青海海西特高压直流工程前期研究工作，形成“1+5”研究成果。

11.4 发展建议

加快外送通道建设

全力推进海南藏族自治州特高压输电工程建设工作，力争海南藏族自治州特高压外送通道及配套工程纳入国家“十四五”电力发展规划，督促国家电网公司加快启动海南特高压直流工程相关前期工作。融入城市群一体化国家战略，加快对接长三角、粤港澳大湾区、成渝、长江中游等城市群，推动以柴达木沙漠基地为起点的特高压外送通道规划建设。

开展特高压柔性直流输电研究

针对青海省支撑调节电源不足、电网技术不能满足新能源集中大规模发展需求问题，建议开展高比例新能源接入、远距离输电的特高压柔性直流输电技术研究，会同国网青海省电力公司论证“新能源+抽水蓄能+柔性直流电网”送电方案可行性，创新应用电网新技术打造以新能源为主体的新型电力系统，满足青海省大规模新能源外送需求。

加快构建省内网架

加快推进昆仑山、红旗750kV输变电工程及香加750kV主变扩建工程建设进度，推动已纳规的丁字口750kV输变电工程开展前期工作并开工建设，持续跟踪红旗、昆仑山、托素等750kV主变扩建工程的纳规情况并推动项目建设，满足新能源大规模接入需求。

持续巩固提升农网

建议采用“大电网延伸＋微电网”解决方案提高离网供电区供电质量，做好与国家能源局的汇报衔接工作，积极争取中央预算内资金，加快推进农村电网改造，重点推进新型小镇、中心村电网和农业生产供电设施改造升级，提高农村电气化水平和电力普遍服务能力。

12

清洁能源对全省经济带动效应

2022 年，面对内外部环境复杂多变、新冠肺炎疫情反复冲击、历史罕见的极端天气等超预期因素影响，青海省全面坚持稳中求进工作总基调，高效统筹疫情防控与经济社会发展，全年完成国内生产总值（GDP）3610.1 亿元，同比增长 2.3%，经济运行总体保持平稳发展态势。青海省充分发挥清洁能源资源富集优势，加快高质量打造“国家清洁能源产业高地”，在经济拉动、投资增长、产业壮大、财税增收，促进共同富裕等方面取得了积极的成效，清洁能源已经成为带动全省经济社会发展的重要支撑力量，也必将在谱写中国式现代化青海篇章的过程中发挥中流砥柱的作用。

12.1 经济拉动

青海省准确把握新发展阶段，深入贯彻新发展理念，紧抓国家政策机遇，充分利用省部共建协调推进工作机制，清洁能源实现了爆发式发展。近年来，清洁能源产业增加值不断提升，对于经济拉动的效应愈加明显。

清洁能源拉动经济效应明显

根据粗略测算，2018—2021 年 4 年间[1]，清洁能源产业对于青海 GDP 的年平均贡献率为 7.6%，超过了采矿业、批发和零售业，以及交通运输、仓储和邮政业等产业对 GDP 的贡献，相当于同期工业 GDP 贡献率的 28.0%，第二产业贡献率的 15.9%。其中水电、光伏发电和风电年平均贡献率分别为 2.6%、2.1%、2.9%。特别是 2020 年清洁能源产业对青海省 GDP 的贡献率达到了 23.2%，在新冠肺炎疫情严重影响消费的情况下，第三产业迅速萎缩，对 GDP 的贡献率仅有 2.4%，全省 GDP 能有 1.5% 的增长，清洁能源产业发挥了重要支撑作用。

[1] 从 2022 年起，由于清洁能源统计口径发生变化，本章只计算了 2018—2021 年 4 年的相关数据。

清洁能源产业增加值增速较高

2018—2021 年，清洁能源产业增加值年均增速达到 13.4%，接近于 GDP 及第二产业增加值年均增速的两倍。其中，水电、光伏发电、风电增加值年均增速分别为 3.0%、13.0%、66.4%(见图 12.1)。

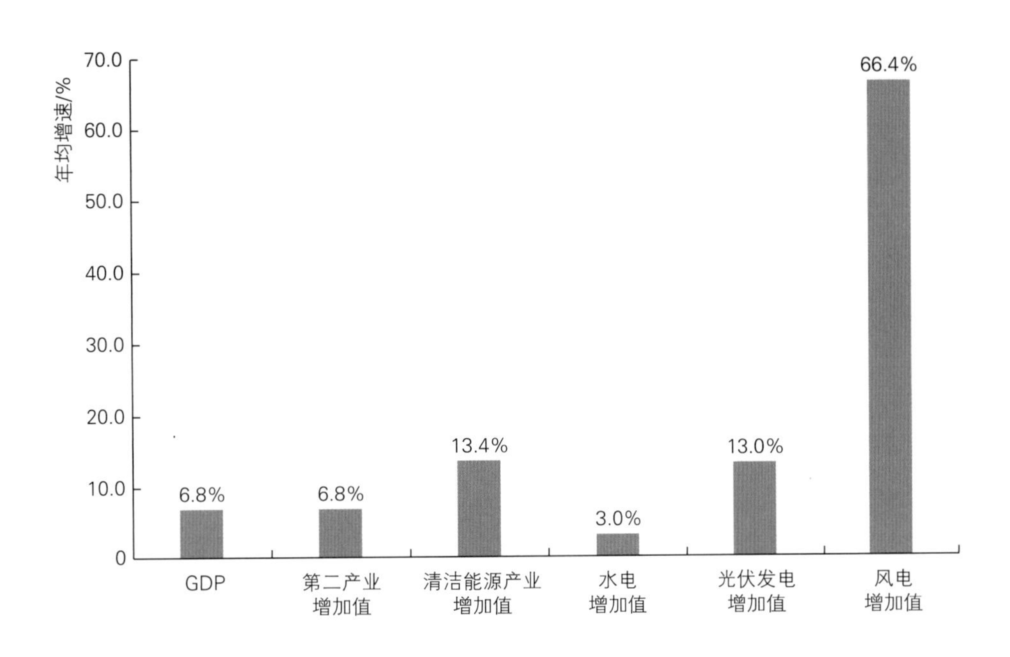

图 12.1 2018—2021 年青海省 GDP、第二产业、清洁能源、水电、光伏发电、风电增加值年均增速比较

12.2 投资增长

聚焦打造国家清洁能源产业高地目标，青海省紧抓重点项目建设，加快推动能源结构调整，清洁能源投资稳定增长，对能源投资、固定资产投资以及全省发展的重要性不断提升，有效促进了资源禀赋转化为发展优势。2022 年，青海省完成清洁能源领域投资 337.9 亿元，占全省能源投资的 68.6%，占全省固定资产投资的 19.6%。

清洁能源投资稳定增长

2018—2022 年，青海省清洁能源投资不断增长，年均增长率达到 17.4%，占全省固定资产投资的比重不断提升，从 8.5% 增长至 19.6%，增加了 11.1 个百分点（见图 12.2）。特别是在 2020—2022 年新冠肺炎疫情期间，面临全省固定资产投资出现连续三年下降的情况下，清洁能源投资逆势而上，保持增长，有效对冲了经济下行压力，为全省经济社会稳定发展起到了重要的压舱石作用。

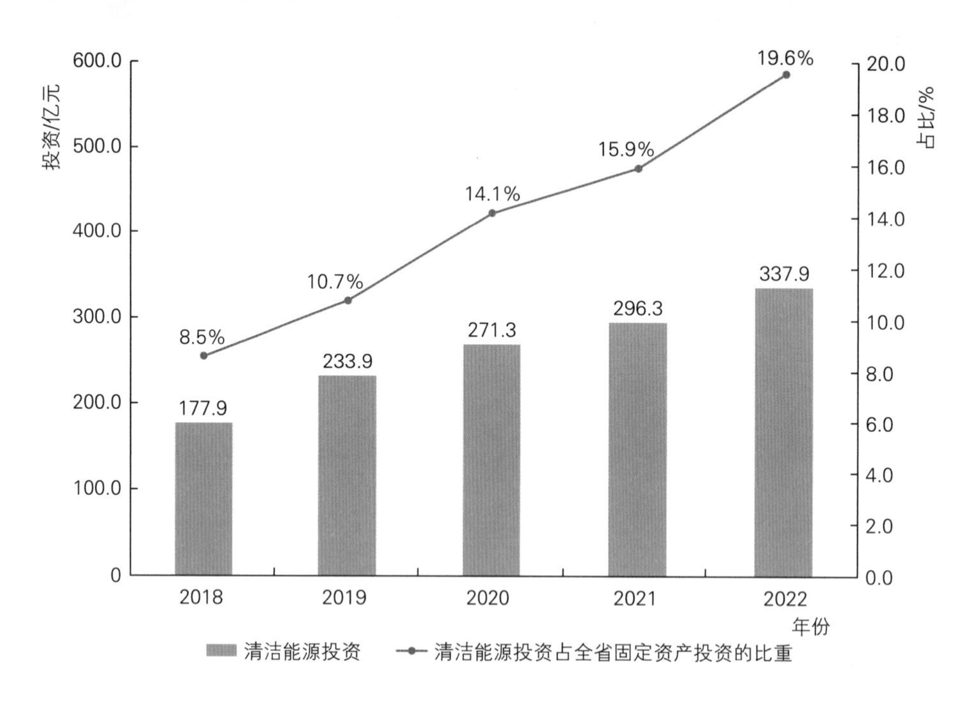

图 12.2　2018—2022 年青海省清洁能源投资及占全省固定资产投资的比重

光伏发电成为清洁能源投资的主力军

2018—2022 年，清洁能源投资中，水电、光伏发电保持了增长，风电有所降低，光热发电受国家政策影响，投资呈现离散化。其中，水电投资累计 116.8 亿元，占清洁能源投资的比重由 4.7% 提升至 15.5%；光伏投资累计 702.7 亿元，年均增长 38.1%，占清洁能源投资的比重由 38.4% 提升至 73.6%，已成为绝对主力；风电投资从 2019 年最高超过 150 亿元，降低到 2022 年的 30.7 亿元，占清洁能源投资的比重为 9.1%；光热投资只在 2018 年和 2022 年落地，总计 20 亿元左右(见图 12.3)。

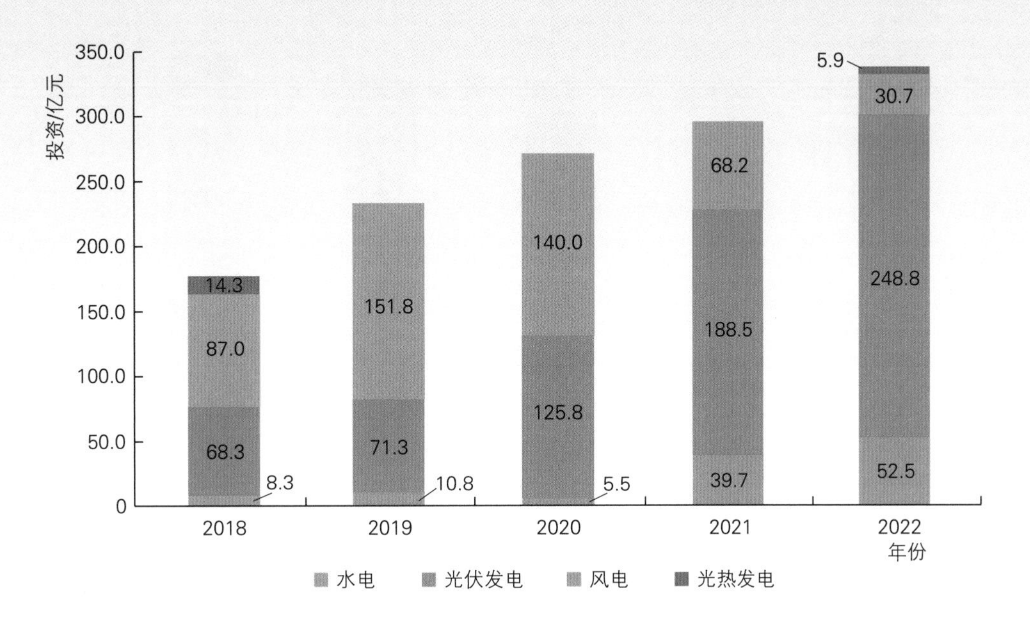

图 12.3 2018—2022 年青海省各类清洁能源投资情况

12.3 产业壮大

青海省依托清洁能源、盐湖资源、电力价格等优势，在不断推进千万千瓦级清洁能源基地建设的同时，加大招商引资力度，积极引进高载能、高附加值的战略新兴产业，一批投资规模大、科技含量高、市场前景广的产业项目争相落户。清洁能源发电产业与新能源制造业协同发展，有力推动了青海产业结构转型升级，助力构建绿色低碳循环发展、体现本地特色的现代化经济体系。

清洁能源发电产值不断增长

2018—2021 年[1]，青海省清洁能源发电产值从 190.4 亿元增长到 244.0 亿元，年均增长率 8.6%。其中，水电、光伏发电、风电产值年均增长率分别为 -1.3%、59.3%、8.2%（见图 12.4）。

[1] 从 2022 年起，由于清洁能源统计口径发生变化，本章只计算了 2018—2021 年 4 年的相关数据。

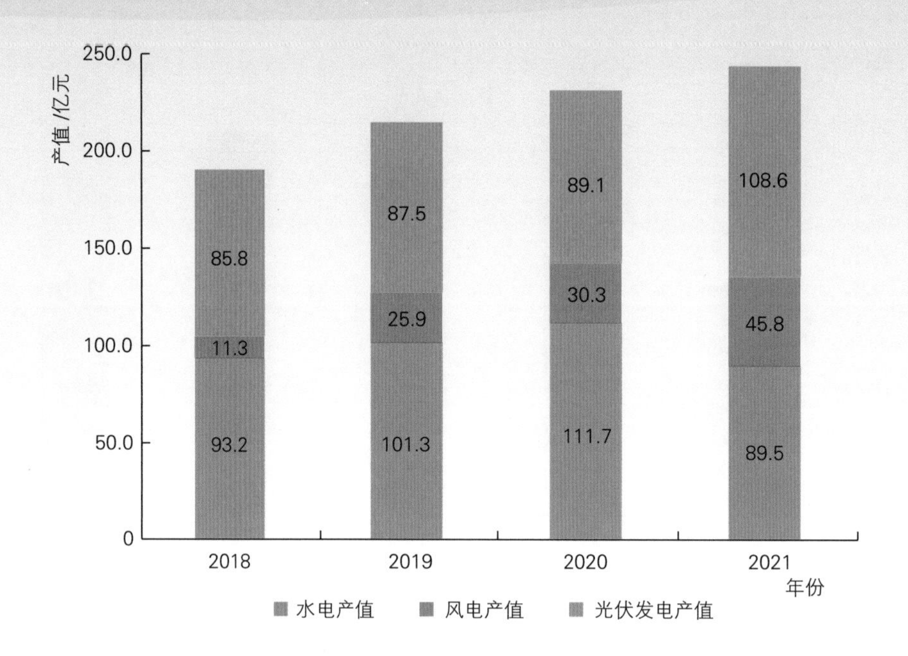

图 12.4　2018—2021 年青海省清洁能源及各类型能源发电产值变化

新能源产业飞速增长，产业链基本完善

2022 年，新能源产业工业总产值 466.2 亿元，是 2013 年的近 43 倍。 2013—2022 年，新能源产业工业总产值占全省工业总产值的比重从 0.4% 增长到了 11.9%，是全省优势产业中增长幅度最大的产业(见图 12.5)。

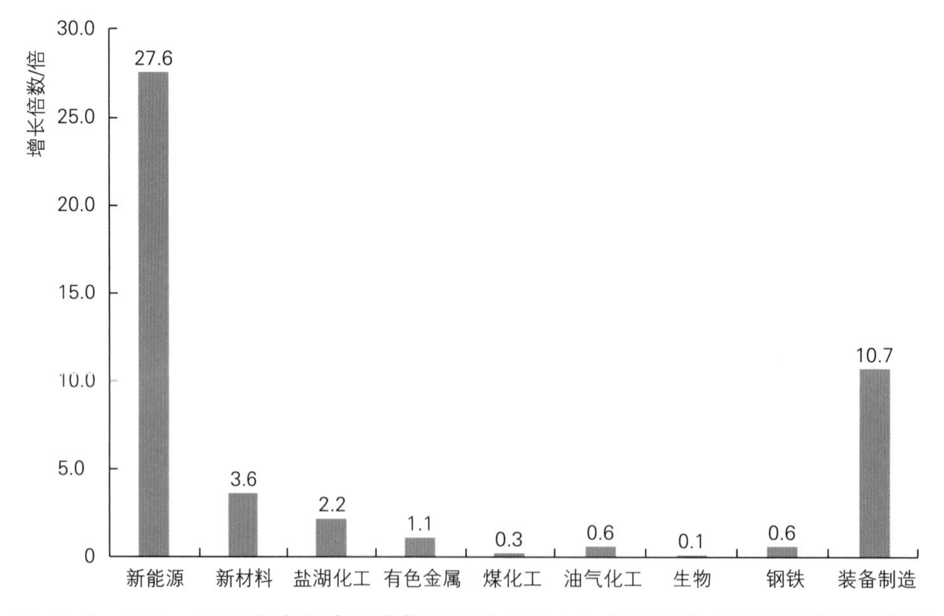

图 12.5　2013—2022 年青海省各优势产业总产值占全省工业总产值比重的增长倍数

12.4 财税增收

在全省清洁能源产业蓬勃发展的支撑下，清洁能源税收总量持续增长，税收规模不断攀升，在全省税收中的占比稳定提升。

清洁能源税收总量持续增长

2018—2022 年，全省清洁能源税收由 18.5 亿元增长至 39.8 亿元[1]，增幅 115%。清洁能源占全省税收总额的比例由 2018 年的 4.5%增长至 2022 年的 6.7%，增长 2.2 个百分点，清洁能源税收展现强劲增长势头。

水电贡献清洁能源税收规模最大

2018—2022 年，全省清洁能源税收累计 147.3 亿元。其中，水电累计税收 85.8 亿元，占全省清洁能源税收的 58.3%；太阳能发电累计税收 57.5 亿元，占全省清洁能源税收的 39.0%；风电累计税收 4.0 亿元，占全省清洁能源税收的 2.7%（见图 12.6）。

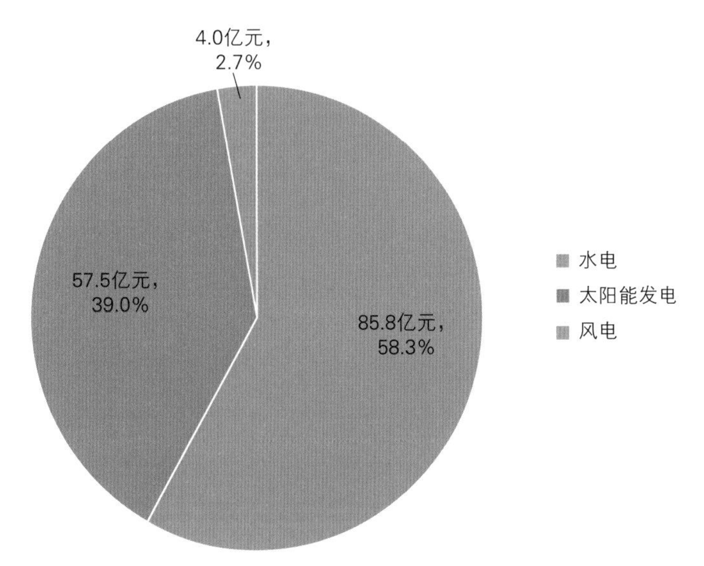

图 12.6 2018—2022 年青海省各类清洁能源累计税收额及占比

[1] 剔除增值税留抵退税因素，按还原口径计算，下同。

太阳能发电税收增速最为迅猛

2018—2022 年，清洁能源税收年均增长率 21.1%。同期，全省税收年均增长率 9.7%；太阳能发电税收年均增长率 69.8%；风电税收年均增长率 48.3%；水电税收规模从 2018 年的 15.0 亿元上升至 2019 年的 21.1 亿元，2020—2022 年，受电源结构转型等影响，2022 年相比 2019 年峰值水平下降 44.8%，水电税收呈现连续回落态势，年均增长率 −6.1%（见图 12.7）。清洁能源税收增速远高于全省税收增速，其中增速最快的是太阳能发电。

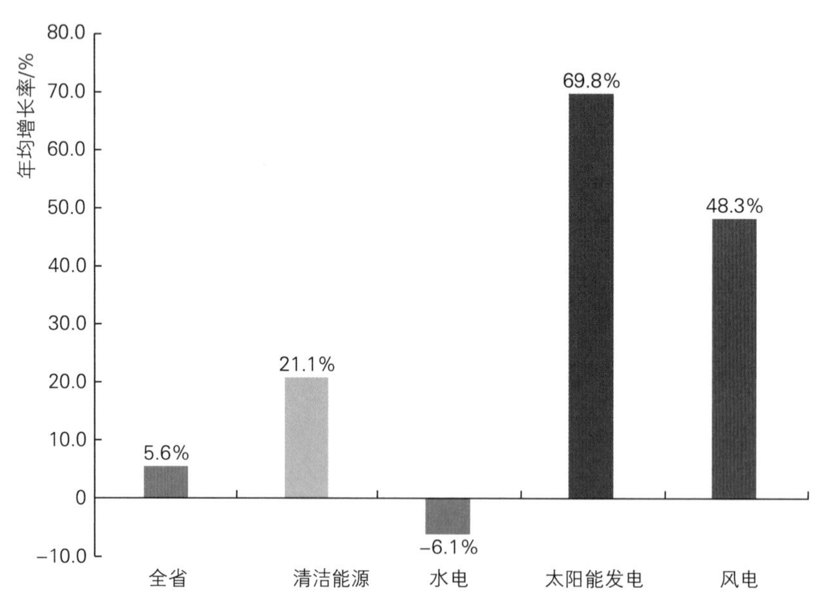

图 12.7 青海省 2018—2022 年全省、清洁能源、水电、太阳能发电、风电税收年均增长率对比

清洁能源发电行业各项税种均保持较快增长

2018—2022 年，全省清洁能源发电行业累计缴纳增值税、企业所得税和耕地占用税 137.5 亿元，占清洁能源发电行业税收总额的比重由 2018 年的 92.2% 提升至 2022 年的 93.5%，提高了 1.3 个百分点。分税种看，增值税累计入库 81.0 亿元，占同期全省电力生产行业增值税的 97.2%，收入规模从 2018 年的 11.3 亿元增加至 2022 年的 22.5 亿元，年均增长 18.9%；企业所得税累计入库 39.6 亿元，占同期全省电力生产行业企业所得税的 96.7%，收入规模从 2018 年的 3.7 亿元增加至 2022 年的 9.1 亿元，年均增长 25.2%；耕地

占用税累计入库 16.9 亿元，占同期全省电力生产行业耕地占用税的 92%，收入规模从 2018 年的 2 亿元增加至 2022 年的 5.6 亿元，年均增长 29.4%。

12.5 金融活跃

清洁能源产业的高速发展带来了旺盛的资金需求，青海省金融系统持续完善绿色金融服务体系，不断加大对清洁能源产业的信贷支持力度，清洁能源产业贷款余额持续增长，有效促进了省内金融业发展，提升了金融服务实体经济的效能。

清洁能源产业贷款余额持续增长

2018—2022 年，全省清洁能源产业贷款余额由 928.7 亿元增长至 1094.1 亿元，年均增长 4.2%；清洁能源产业贷款余额占本外币各项贷款余额的比重，从 14.0% 提高至 15.4%，占比持续处在全国前列(见图 12.8)。

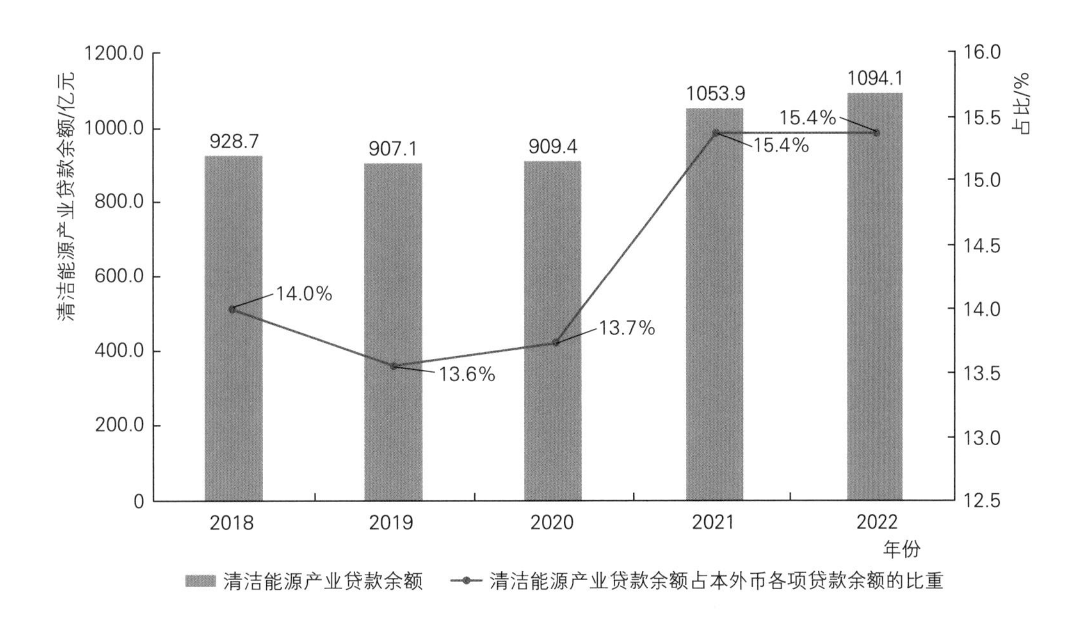

图 12.8 2018—2022 年青海省清洁能源产业贷款余额及占本外币各项贷款余额的比重

清洁能源产业链信贷运行良好

从清洁能源产业链看，2022 年末，清洁能源装备制造环节贷款余额 13.3 亿元，其

中，太阳能发电装备制造贷款余额 11.9 亿元；清洁能源设施建设和运营贷款余额 1004.3 亿元，其中，风力发电设施建设和运营 311.4 亿元，太阳能利用设施建设和运营 550.9 亿元，大型水力发电设施建设和运营 139.0 亿元；传统能源清洁高效利用贷款余额 9.2 亿元，其中，煤炭清洁利用 4.2 亿元，煤炭清洁生产 4.0 亿元；能源系统高效运行贷款余额 67.3 亿元，其中，多能互补工程建设和运营 35.8 亿元，智能电网建设和运营 18.1 亿元，天然气输送储运调峰设施建设和运营 6.3 亿元，抽水蓄能电站建设和运营 7.1 亿元。

12.6 促进共同富裕

党中央提出，要巩固拓展脱贫攻坚成果，对易返贫致贫人口要加强监测、及早干预，对脱贫县要扶上马送一程，确保不发生规模性返贫和新的致贫。光伏帮扶具有时效长、质量优、效益佳、管理好的特点，其本质是应用清洁能源发展来实现对脱贫人口的转移支付，已是青海省巩固拓展脱贫攻坚成果，确保不发生返贫现象，促进共同富裕实现的关键抓手。

光伏帮扶是青海省紧抓国家政策机遇，发挥光照条件优越、荒漠化土地资源富集优势，结合清洁能源示范省建设，纳入“五大特色扶贫产业”的重要扶贫手段之一，为青海省消除绝对贫困作出了重要贡献。通过多渠道争取容量指标，有效整合扶贫专项、政企资金及土地等资源，全省共建成 42 座光伏帮扶电站，年发电产值 8.8 亿元，使 7.7 万户 28.3 万脱贫人口拿上了“阳光存折”，20 年内将滚动扶持包括 1622 个脱贫村及部分村集体经济薄弱的村庄，以每年村均不少于 20 万元用于发展集体经济。

截至 2022 年底，全省 73.4 万 kW 光伏帮扶电站年发电 11.7 亿 kW · h，其中 47.16 万 kW 村级电站年发电 7.5 亿 kW · h，年收益 5.6 亿元，累计收益达 20.6 亿元；1622 个脱贫村村均年收益 34 万元，累计收益达 124 万元。试点、集中式和国网帮扶光伏帮扶项目年度收益 4781 万元，累计向村集体经济薄弱、收入少的 2136 个原非贫困村分红 2.1 亿元。全省共设置光伏公益性岗位 3.0 万个，其中长期公益性岗位 1.7 万个，临时公益性岗位 1.3 万个，月均工资 800 元以上，持续巩固拓展脱贫攻坚成果。

12.7 发展建议

建立健全多部门间协作机制，加强多元精细共治，助力清洁能源产业健康发展

在省部共建清洁能源示范省机制有效运行的基础上，建议发展改革、能源、工信、税务、自然资源等部门建立“打造清洁能源产业高地”联席长效机制，定期召开专项会议，加强沟通协调，提升服务效能，统筹解决清洁能源产业发展中面临的各项问题。围绕清洁能源高质量发展研究出台具有系统性、灵活性的产业发展政策，降低产业发展中面临的非技术性成本，引导支持产业发展壮大，切实将清洁能源资源优势转化为经济发展优势。

紧抓制造业有序转移机遇，大力引进绿色高载能产业，加快打造清洁能源产业高地

工业和信息化部等十部门联合发布的《关于促进制造业有序转移的指导意见》（工信部联政法〔2021〕215号），明确在满足产业、能源、碳排放等政策的条件下，支持符合生态环境分区管控要求和环保、能效、安全生产等标准要求的高载能行业向西部清洁能源优势地区转移。该政策的实施，将充分释放青海省清洁能源禀赋强、发展快的比较优势，可通过高载能行业的承接有效提升绿电消纳能力，推动构建以新能源为主体的新型电力系统，构建具有青海特色的现代化经济体系。应做好顶层设计，统筹规划，通盘考虑全省产业转型升级，协调好省内各区域、各园区产业承接，集聚和优化资源及要素系统配置，制定《青海有序承接制造业转移工作方案》，围绕盐湖化工、大数据、锂电、钠电、光伏、储能、光电材料等行业，重点引进具有可变负荷的产业类型，采取“靶向招商”方法，促进投资、产业落地。

积极争取国家税收优惠政策，增加微观主体活力，促进清洁能源降碳效能更好发挥

加大产业、经济主管等部门的联合调研、联合建言力度，争取国家层面对于青海省清

洁能源发电企业给予增值税即征即退、优惠税率、减税、退税等更多较为灵活、多元的支持政策，帮助企业在筹建、运营等各环节轻装上阵，加速发展。调整优化企业购置环保节能节水专用设备企业所得税抵免环节或标准，扩大政策覆盖面，增强企业改进生产效能意愿，引导企业不断向绿色、智能、高效方向发展。全面落实环境保护税政策，引导企业节能减排，绿色低碳发展，提高煤炭使用成本，促使企业加大对清洁能源的使用。提高征管信息化水平，完善电子税务功能应用，积极实现资源整合畅通多部门税费征管协同机制，建立涉税信息共建共享机制，提升征管质效，寻求税收制度、税收政策、税收征管与国家清洁能源产业高地打造的最佳结合点，促进清洁能源产业集约化发展。

13

政策要点

13.1 国家政策

（1）2022 年 1 月，国家发展改革委、国家能源局发布《关于完善能源绿色低碳转型体制机制和政策措施的意见》（发改能源〔2022〕206 号），提出了完善能源绿色低碳转型体制机制的总体要求、重点任务和政策措施，明确了“十四五”时期及 2030 年能源绿色转型发展目标。

（2）2022 年 3 月，国家发展改革委、国家能源局发布《“十四五”新型储能发展实施方案》（发改能源〔2022〕209 号），对“十四五”新型储能发展进行部署，提出在新能源外送、沙戈荒基地、海上风电等大基地中发挥规模化储能作用。要求储能优化建设布局，促进新型储能与电力系统各环节融合发展，支撑新型电力系统建设。

（3）2022 年 3 月，国家发展改革委、国家能源局发布《“十四五”现代能源体系规划》（发改能源〔2022〕210 号），阐明我国能源发展方针、主要目标和任务举措，是“十四五”时期加快构建现代能源体系、推动能源高质量发展的总体蓝图和行动纲领。要求大力发展非化石能源，加快发展风电、太阳能发电。推动构建新型电力系统，推动电力系统向适应大规模高比例新能源方向演进。

（4）2022 年 4 月，国家发展改革委、国家能源局发布《关于 2022 年可再生能源电力消纳责任权重及有关事项的通知》（发改办能源〔2022〕680 号），统筹提出了各省级行政区域 2022 年可再生能源电力消费责任权重和 2023 年预期目标。

（5）2022 年 4 月，国家发展改革委印发《关于 2022 年新建风电、光伏发电项目延续平价上网政策的函》，明确新核准陆上风电、新备案集中式光伏和工商业分布式光伏项目均延续平价上网政策。

（6）2022 年 4 月，国家能源局、科学技术部印发《“十四五”能源领域科技创新规划》（国能发科技〔2021〕58 号），明确“十四五”时期能源科技创新的总体目标、技术路线图、相关示范工程布局等。

（7）2022 年 4 月，国家能源局印发《风电场利用率监测统计管理办法》（国能发新能规〔2022〕49 号），对风电场利用率监测统计相关方法和准则进行规定。

（8）2022 年 5 月，国家能源局发布《关于加强电化学储能电站安全管理的通知》（国能综通安全〔2022〕37 号），提出七个方面的电化学储能安全管理措施。

（9）2022 年 6 月，国家发展改革委等九部门发布《“十四五”可再生能源发展规划》（发改能源〔2021〕1445 号），明确 2025 年可再生能源发展主要目标。强调“十四五”时期可再生能源发展模式和重点项目，将坚持集中式与分布式并举、陆上与海上并举、就地消纳与外送消纳并举、单品种开发与多品种互补并举、单一场景与综合场景并举，以区域布局优化发展。

（10）2022 年 6 月，国家发展改革委、国家能源局发布《关于进一步推动新型储能参与电力市场和调度运用的通知》（发改办运行〔2022〕475 号），进一步明确新型储能市场定位，建立完善相关市场机制、价格机制和运行机制，提升新型储能利用水平，引导行业健康发展。

（11）2022 年 8 月，自然资源部等七部门发布《关于加强用地审批前期工作积极推进基础设施项目建设的通知》（自然资发〔2022〕130 号），要求尚未确定详细空间位置的，列出项目清单，在国土空间规划“一张图”上示意位置、标注规模，并依据项目建设程序各阶段法定批复据实调整，逐步精准确定位置和规模、落地上图。

（12）2022 年 8 月，工业和信息化部、国家发展改革委、生态环境部印发《工业领域碳达峰实施方案》（工信部联节〔2022〕88 号），要求构建有利于碳减排的产业布局，调整优化用能结构（开展“光伏 + 储能”等自备电厂、自备电源建设），加快工业绿色微电网建设。

（13）2022 年 8 月，自然资源部、生态环境部、国家林业和草原局发布《关于加强生态保护红线管理的通知（试行）》（自然资发〔2022〕142 号），明确人为活动及历史遗留问题处理（零星分布的已有水、风、光、海洋能设施，项目到期后做好生态修复），确需占用生态红线的用地项目范围（含国务院投资主管部门会同有关部门确认的能源等基础设施项目）及办理等。

（14）2022 年 10 月，市场监管总局等九部门印发《建立健全碳达峰碳中和标准计量体系实施方案》（国市监计量发〔2022〕92 号），围绕风电和光伏发电全产业链条，开展关键

装备和系统的设计、制造、维护、废弃后回收利用等标准制修订。

（15）2022 年 11 月，国家发展改革委、国家统计局发布《关于进一步做好原料用能不纳入能源消费总量控制有关工作的通知》（发改环资〔2022〕803 号），明确原料用能不纳入节能目标责任评价考核。在核算能耗强度时，原料用能消费量从各地区能源消费总量中扣除，地区生产总值不作调整。

（16）2022 年 11 月，国家发展改革委发布《关于进一步完善政策环境加大力度支持民间投资发展的意见》（发改投资〔2022〕1652 号），鼓励民营企业加大太阳能发电、风电、生物质发电、储能等节能降碳领域投资力度。加快民间投资项目核准备案、规划选址、用地用海、环境影响评价、施工许可等前期工作手续办理。

（17）2022 年 11 月，国家发展改革委、国家统计局、国家能源局联合印发《关于进一步做好新增可再生能源消费不纳入能源消费总量控制有关工作的通知》（发改运行〔2022〕1258 号），明确不纳入能源消费总量的可再生能源种类，以绿证作为可再生能源电力消费量认定的基本凭证。积极推进绿证交易市场建设，推动可再生能源参与绿证交易。

（18）2022 年 11 月，国家发展改革委等五部门印发《关于加强县级地区生活垃圾焚烧处理设施建设的指导意见》（发改环资〔2022〕1746 号），将符合条件的县级地区生活垃圾处理设施建设项目纳入地方政府专项债券支持范围。新建生活垃圾焚烧发电项目优先纳入绿电交易。

（19）2022 年 11 月，国家能源局发布《关于积极推动新能源发电项目应并尽并、能并早并有关工作的通知》，要求按照“应并尽并、能并早并”原则，对具备并网条件的风电、光伏发电项目，切实采取有效措施，保障及时并网，允许分批并网，不得将全容量建成作为新能源项目并网必要条件。

（20）2022 年 12 月，工业和信息化部等四部门发布《关于深入推进黄河流域工业绿色发展的指导意见》（工信部联节〔2022〕169 号），要求推动宁东可再生能源制氢与现代煤化工产业耦合发展。支持青海、宁夏等风能、太阳能丰富地区发展屋顶光伏、智能光伏、分散式风电、多元储能、高效热泵等。提前布局退役光伏、风力发电装置等新兴固废综合利用。

（21）2022 年 12 月，国家发展改革委、国家能源局发布《关于做好 2023 年电力中长期合同签订履约工作的通知》（发改运行〔2022〕1861 号），要求坚持电力中长期合同高比

例签约，鼓励签订多年中长期合同，完善绿电价格形成机制。

（22）2022 年 12 月，国家发展改革委、科学技术部印发《关于进一步完善市场导向的绿色技术创新体系实施方案（2023—2025 年）》（发改环资〔2022〕1885 号），提出到 2025 年，市场导向的绿色技术创新体系进一步完善，绿色技术创新对绿色低碳发展的支撑能力持续强化。绿色技术交易市场更加规范有序，先进适用的绿色技术创新成果得以充分转化应用。

（23）2022 年 12 月，国家能源局印发《光伏电站开发建设管理办法》（国能发新能规〔2022〕104 号），明确光伏电站的管理思路与要求，既涵盖了各类主体的职责要求，也覆盖了光伏电站从规划、开工、建设、运行、改造升级、退役等各阶段的全生命周期管理要求。

13.2 青海省政策

（1）2022 年 4 月，青海省能源局发布《关于进一步加强新能源市场化并网项目管理的通知》（青能新能〔2022〕63 号），为进一步加强市场化项目管理，提出强化规模管理、规范项目流程、加强电网接入、全面核查项目等要求。

（2）2022 年 7 月，青海省发展改革委发布《青海省国家储能发展先行示范区行动方案 2022 年工作要点》（青发改能源〔2022〕520 号），结合《青海省国家储能发展先行示范区行动方案（2021—2023 年）》2021 年度实施情况，制定 2022 年工作要点，提出营造储能发展政策环境、推动多元储能设施建设、打造储能产业创新高地等工作要求。

（3）2022 年 7 月，青海省发展改革委、青海省能源局印发《青海省关于完善能源绿色低碳转型体制机制和政策措施的意见》（青发改能源〔2022〕553 号），提出青海省完善能源绿色低碳转型体制机制的总体要求、重点任务和政策措施，明确了“十四五”时期及 2030 年能源绿色转型发展目标。

（4）2022 年 8 月，青海省人民政府印发《以构建新型电力系统推进国家清洁能源产业高地建设工作方案（2022—2025 年）》（青政〔2022〕41 号），针对五大错配问题（电源结构错配、网源时空错配、生产消纳错配、储能周期错配、价值价格错配），提出了 111 项重点工作任务，明确了关键节点和责任单位。

（5）2022 年 9 月，青海省人民政府印发《青海打造国家清洁能源产业高地 2022 年工作要点》（青政办函〔2022〕153 号），提出清洁能源开发行动、新型电力系统构建行动、清洁能源替代行动、储能多元打造行动、产业升级推动行动、发展机制建设行动年度工作要点。

（6）2022 年 9 月，青海省人民政府印发《青海省加快融入"东数西算"国家布局工作方案》（青政办〔2022〕76 号），提出青海省大数据产业发展的基本原则、工作目标、发展导向和工作任务。

（7）2022 年 9 月，青海省能源局印发《青海省 2022 年可再生能源电力消纳保障实施方案》（青能电力〔2022〕149 号），提出建立健全可再生能源电力消纳保障机制和消纳责任权重目标，明确消纳责任权重履行方式和消纳量计算方法，部署具体任务分工。

（8）2022 年 10 月，青海省能源局印发《2022 年青海省新能源开发建设方案》（青能新能〔2022〕163 号），安排 2022 年开工新能源项目共 5 类、38 个，规模合计 1455.8 万 kW，分别是国家第二批大型风电光伏基地项目、清洁取暖配套新能源项目、"揭榜挂帅"新型储能示范项目配套新能源项目、国家能源领域增量混合所有制改革重点推进新能源项目、普通市场化并网项目。

（9）2022 年 11 月，青海省能源局印发《青海省电力源网荷储一体化项目管理办法（试行）》（青能新能〔2022〕177 号），明确适用范围、总体要求，着重从方案设计、论证评估、建设运营、并网接入提出一体化要求；从源、网、荷、储及一体化运行对项目进行规范，并明确报告编制要求、纳规程序、核准备案程序、验收监管、变更程序以及信用履约要求等。

（10）2022 年 12 月，青海省人民政府印发《青海省碳达峰实施方案》（青政〔2022〕65 号），提出"十四五"和"十五五"发展目标，并对重点任务作出部署。

14

热点研究方向

沙漠、戈壁、荒漠大型风电光伏基地高质量发展研究

加快完善沙漠、戈壁、荒漠地区大型风电光伏基地建设有关技术标准，开展大型风电光伏基地规划布局、调节电源配比以及外送通道技术路线的研究。加快完善新型储能技术标准体系、辅助服务电价补偿机制，支撑大型风电光伏基地、分布式能源等开发建设、并网运行和消纳利用。研究成果为沙漠、戈壁、荒漠大型风电光伏基地高质量建设和运行提供理论保障。

新型电力系统研究

随着清洁能源比例的不断提高，在充分考虑煤电有序转型和气电适度发展需要的同时，开展新型电力系统对于大规模新能源、抽水蓄能和新型储能的适应性研究，开展含多回特高压交流、直流输电的大电网仿真技术和数字化、智能化运行技术的研究，开展新型电力系统安全高效、清洁低碳、柔性灵活和智慧融合等特征及实现手段的研究工作。

柔性直流关键技术研究

昆柳龙直流工程、张北柔性直流工程、粤港澳大湾区直流背靠背工程、三峡如东海上风电柔性直流输电工程等工程的成功实践表明，无论是在输电电压、输电容量、电缆/架空线输电方式，还是在可靠性方面，柔性直流输电均已经满足远距离大容量输电、区域电网互联和大容量海上风电送出需求，部分场景已经具备取代传统直流输电的能力。对于柔性直流输电技术，未来的研究方向主要有千万千瓦级大规模新能源发电基地柔性直流送出、柔性直流支撑新能源基地孤网运行、高压大容量柔性直流核心装备等。

“东数西算”实施方案研究

推动大数据和生态农牧业、清洁能源产业、旅游服务业深度融合方案研究，加快数字

技术创新应用，以数字化赋能生态产业、清洁能源产业和文化旅游产业发展。开展数据确权及可信流通平台、清洁能源智能运维管控平台建设实施方案研究，加快开展“东数西算”“东数西储”布局研究，打造大数据云计算产业聚集区，积极构建高原特色清洁能源大数据产业发展新模式。

共享储能总体规划和商业模式研究

共享储能与发电设备、用户侧微电网等建设彻底分开，在投资界面上，主体清晰明确。开展共享储能的总体规划布局研究，考虑风光发电出力随机性和电网结构等边界条件，提出合理的共享储能容量和并网点，开展共享储能的租赁、自运营和联合运营模式研究，对共享储能的成本回收机制、收益提升策略等开展研究并提出建议。

光热发电规模化开发利用及核心技术研究

依据国家及青海省政策，结合风电、光伏发电度电成本低的特点，充分发挥光热电站在调节和储存方面的优势，开展风电、光伏与光热发电联合开发模式研究，促进光热发电行业可持续发展。同时开展光热发电核心技术攻关、工程施工技术和配套设备创新，推进光热电站建设成本下降和可靠性提升。

全国主要流域水风光一体化规划研究

开展以水风光为主的可再生能源一体化布局研究。对于水能资源丰富的地区，重点围绕水风光一体化资源配置、一体化规划建设、一体化调度运行、一体化经济性评价、一体化消纳等方面开展特性研究，开展黄河“水风光一体化”可再生能源综合基地布局研究，提升可再生能源存储和消纳能力。

以抽水蓄能为主要调节电源支撑远距离外送研究

抽水蓄能是当前技术最成熟、经济性最优、最具大规模开发条件的电力系统绿色低碳清洁灵活调节电源，与风电、太阳能发电、核电、火电等配合效果较好。通过开展以抽水蓄能为主要调节电源支撑远距离外送研究，明确抽水蓄能支撑大型风电光伏基地远距离外送的可行性。

多元化绿证交易模式研究

在多元化绿证交易模式下，随着无补贴项目绿证启动核发交易，企业绿色低碳发展需求的持续提升，绿证市场不断活跃，需继续开展绿证的机制衔接、核发交易等方面的研究，开展多元化、数字化和智能化绿证交易平台的研究，推动绿证核发全覆盖，做好与碳市场、可再生能源电力消纳保障机制的衔接。

新能源与氢能耦合技术研究

氢能是战略性新兴产业的重点方向，是构建绿色低碳产业体系、打造产业转型升级的新增长点。持续开展绿色低碳氢能制取研究，在风光水电资源丰富地区，开展可再生能源制氢示范，逐步扩大示范规模。持续开展新能源与氢能耦合技术研究，促进氢制备、氢储运、加氢站、燃料电池及核心零部件等产业链形成。使氢能成为新型电力系统的灵活性资源、长周期储能和外送新载体，缓解消纳、外送压力，成为新型电力系统的重要组成部分。

“光伏＋”多场景融合发展研究

青海省太阳能资源丰富，推动一批以太阳能发电与荒漠化土地、油气田、盐碱地等生态修复治理相结合的太阳能发电基地，在全面平价的基础上打造“生态修复＋光伏发电”绿色引领的新能源生态修复示范项目，探索“板上发电＋板下种草＋光伏羊”的产、销模式，实现能源建设、经济效益和环境治理共赢发展。特别是海南藏族自治州戈壁基地涉及众多沙化封禁区，积极研究光伏电站在沙化封禁区治沙成效，破解封禁区治沙难题，促进光伏治沙融合发展。

农村能源综合利用研究

继续推动农村建筑屋顶、空闲土地等推进分布式光伏发电发展。研究探索北方地区清洁取暖工程，因地制宜推动太阳能、地热能、农林生物质直燃、生物成型燃料供暖，构建多能互补清洁供暖体系。研究农林废弃物、畜禽粪便资源化利用，助力农村人居环境整治和美丽乡村建设。提升农村用能清洁化、电气化水平，开展农村新能源微网示范，促进

农村可再生能源生产和消纳良性发展。

地热能供暖应用研究

研究地热能在供暖领域的用能替代，由城市向重点乡镇普及。在重点城市中心城区，以集中与分散相结合的方式，在主要城镇老旧城区改造中，研究中深层地热供暖与城镇基础设施建设、新农村建设融合发展的方式，推进城市新区地热能供暖建设，创新城市用能新模式。研究不同类型的地热能开发利用方案，扩展地热能应用场景，探索地热能利用产业化经营，与旅游度假、温泉康养、种养殖业及工业等产业融合发展，探索推动“地热能＋”多能互补的供暖形式。

新型储能配套政策、管理体系研究

青海省新能源装机占比居全国第一，新型储能是保证新能源消纳的重要支撑，为促进储能规模化和高质量发展，需要研究储能价格机制、储能项目激励机制、审批并网流程、储能调度管理机制等配套政策、管理体系。探索推广独立共享储能模式，推进源网荷储一体化发展模式。

清洁能源就地直接利用研究

在工业园区高耗能企业、大数据中心等区域开展清洁能源替代研究，提高清洁能源消纳比重。研究“绿电＋绿氢”模式，带动氢燃料电池汽车在物流、公交、环卫等领域示范应用。研究清洁能源与电蓄热锅炉、电热膜、石墨烯取暖器、空气源热泵等电采暖设施的结合，进一步推广清洁能源供热。

能源重大基础设施安全风险评估

开展能源重大基础设施安全风险评估方案研究，制定能源重大基础设施安全风险评估实施细则，推进全面评估和专项评估工作，保障能源重大基础设施安全可靠运行。从自然风险、内部风险、管理风险和其他风险四个方面开展水电重大基础设施安全风险评估工作，研究风险防控的重点，提出保障大型水电工程安全运行的对策措施和建议。

声　　明

本报告相关内容、数据及观点仅供参考，不构成投资等决策依据，青海省能源局、水电水利规划设计总院不对因使用本报告内容导致的损失承担任何责任。

本报告中部分数据因四舍五入的原因，存在总计与分项合计不等的情况。

本报告部分数据及图片引自国家发展改革委、国家能源局、青海省统计局、国网青海省电力公司、国家税务总局青海省税务局、青海省电力交易中心、青海省气候中心等单位发布的文件，以及 2022 年全国电力工业统计快报、《2022 年中国风能太阳能资源年景公报》、《中国光伏产业发展路线图（2022—2023 年）》、《储能产业研究白皮书 2023》等统计数据报告，在此一并致谢！